Tasty Food
食在好吃

养生豆浆
一本就够

甘智荣 主编

江苏凤凰科学技术出版社

图书在版编目（CIP）数据

养生豆浆一本就够/甘智荣主编.—南京：江苏
凤凰科学技术出版社，2015.10（2019.4重印）
（食在好吃系列）
ISBN 978-7-5537-4255-7

Ⅰ.①养… Ⅱ.①甘… Ⅲ.①豆制食品－饮料－制作
②豆制食品－饮料－食物养生 Ⅳ.① TS214.2 ② R247.1

中国版本图书馆 CIP 数据核字 (2015) 第 049191 号

养生豆浆一本就够

主　　　编	甘智荣
责 任 编 辑	樊　明　葛　昀
责 任 监 制	曹叶平　方　晨

出 版 发 行	江苏凤凰科学技术出版社
出版社地址	南京市湖南路 1 号 A 楼，邮编：210009
出版社网址	http://www.pspress.cn
印　　　刷	天津旭丰源印刷有限公司

开　　　本	718mm×1000mm　1/16
印　　　张	10
插　　　页	4
版　　　次	2015年10月第1版
印　　　次	2019年4月第2次印刷

标 准 书 号	ISBN 978-7-5537-4255-7
定　　　价	29.80元

图书如有印装质量问题，可随时向我社出版科调换。

豆浆，开启美好一天的健康密码

　　随着社会经济的发展和人们生活水平的提高，怎样吃得健康已成为饮食中的焦点问题。五谷杂粮是最天然、最养生的食材之一，自然也受到很多人的重视。生活条件的提高、运动量的减少是造成很多人亚健康的原因之一，再加上现代人的饮食过于精致，食物当中的一些纯天然营养成分被破坏，或者无法有效地被人体吸收，于是健康问题就出现了。那么如何调整这种不健康的饮食结构呢？

　　其实，饮用以天然食材，如黄豆、绿豆、小米、燕麦、荞麦等粗粮，配合无农药添加的新鲜蔬果做出的豆浆就可以达到健康养生的目的。虽然食材有限，但因搭配不同、制作方法不同，保健豆浆也有千变万化的味道。

　　中国的饮食文化博大精深，豆浆算是其中颇有独特气质的"中国式饮品"。民间传说和古籍记载都证明了豆浆是一种非常受欢迎的健康饮品，其中关于豆浆能够滋补养生的最早记载，出现在《黄帝内经》中。除此之外，《本草纲目》中也有"豆浆，利气下水，制诸风热，解诸毒"的文字描述。如今，豆浆更是人们早餐的十分重要的组成部分，尤其受到上班一族的欢迎。

　　究其食疗作用，首先是由豆浆的性味决定的。豆浆性平且无毒，对身体虚弱、营养不良的人群来说，有显著的补虚清热之疗效。其次，饮用豆浆没有旺季与淡季之分，一年四季都可饮用，并且其营养极为丰富。春季饮豆浆，可以补阴去燥、平衡阴阳；夏天喝上一杯可口的冰豆浆，清新爽口，更可降暑止渴；秋冬时节，天气干燥，一杯热气腾腾的豆浆可以为人们提供充足的能量，驱寒暖胃、滋补身体。

　　本书图文并茂，内容丰富，一共分为五部分，向各位读者朋友介绍了各种豆浆：第一部分"经典早餐豆浆"，包括44款豆浆，让您美好的一天从豆浆开始；第二部分"养生保健豆浆"，包括53款豆浆，让您通过一杯豆浆，就能达到呵护全家的目的；第三部分"健康食疗豆浆"，包括39款豆浆，让您在享受美味的同时，更赢得健康；第四部分"美味蔬果豆浆"，包括45款豆浆，让您体验蔬果与豆子的完美结合；第五部分"芬芳花草豆浆"，包括28款豆浆，让您在挡不住的幽幽清香中品尝豆浆的美味！

目录 Contents

PART 1
经典早餐豆浆

PART 2
养生保健豆浆

PART 3
健康食疗豆浆

PART 4
美味蔬果豆浆

PART 5
芬芳花草茶豆浆

轻松7步磨豆浆

第1步

　　挑选合适的豆子。购买时，应该选择外表光滑饱满、色泽鲜艳，并且没有虫蛀的豆子。

第2步

　　充分浸泡豆子。豆子经过充分的浸泡，做出的豆浆口感会更顺滑、柔和，并且能够有效缩短制作时间。

第3步

　　添加豆子和辅助食材。根据豆浆机自带说明书上的用量提示，将食材分别倒入豆浆机中。

第 4 步

加入适当比例的清水。说明书中会交代具体的注水量，一般的豆浆机也都会设有最低注水量标识。

第 5 步

根据需求选择豆浆机的功能键。市面上的豆浆机除了可以制作豆浆外，还可以制作美味的果汁和米糊。

第 6 步

打磨豆浆。启动豆浆机，20 分钟左右后就可以喝到香浓美味的豆浆了。

第 7 步

滤去豆渣。用过滤网将豆渣过滤除去。

科学保存和饮用豆浆

豆浆、牛奶等饮品，都不宜长期保存。它们营养美味，深受人们喜爱，但同时也是很多微生物喜欢的食物，因此保存起来并不容易。目前，杀菌密封是比较好的保存方式。此外，饮用豆浆也要科学，才能充分发挥其功效。

对包装进行消毒

准备 2 ~ 3 个容易密封且耐高温的瓶子，如太空瓶、保温瓶等，可根据个人每次的饮用量来决定瓶子的大小。刚刚做好的豆浆非常烫，因此储存时应选用耐高温的容器。使用前先将瓶子用沸水烫一遍，这样能够杀死瓶内大部分细菌。如果想保存得久些，容器必须能够很好地密封，不透气、不透水，这样外界的氧气、细菌才不会乘虚而入。很多质量好的太空瓶密闭性强，是一种不错的选择。在选购太空瓶时，一定要注意避免选购有气味的，如果太空瓶内有浓浓的化学气味，则说明是劣质产品，而这种瓶子一旦倒入豆浆，就容易释放有害物质，危害人体健康。

对豆浆进行杀菌

豆浆一定要彻底煮沸，否则会对人体造成损害。生豆子中含有皂角素，容易导致恶心、消化不良等症状，还含有酶等物质，能导致凝血，降低人体免疫力。不过在彻底煮沸之后，这些有害物质都能够去除，不会再危害人体健康。"假沸"时应该用汤匙不停地搅拌，直到真正沸腾为止。

对瓶子进行密封

豆浆做好之后，倒入杀过菌的瓶子中，不能倒满，一般以倒入瓶子容量的 3/4 为宜。之后盖上瓶盖，轻轻地拧几下，10 秒之后再拧紧瓶盖。待豆浆冷却至室温时，再放入冰箱冷藏。尽管豆浆不能像很多冷冻食品那样保存一个多月，但至少可以保存一周的时间。再次饮用时，加热一下即可。

注意干稀搭配

喝豆浆的时候，可以吃一些饼干、馒头、包子等含淀粉的食物，这样在淀粉的作用下，豆浆中的蛋白质能更充分地被人体吸收。如果再搭配一点蔬菜和水果，营养就更加均衡了。

为了实现营养吸收的最大化，我们在每一餐的准备上都应该做到干稀搭配。以早餐为例，除了饮用一杯豆浆之外，最好再搭配上一枚鸡蛋或者一块面包。

不喝不熟的豆浆

煮豆浆时，常会出现"假沸"现象，此时必须用羹匙充分地搅拌豆浆，直至真正的煮沸。

没有煮熟的豆浆对人体是有害的，因为里面含有的有毒物质会影响人体对蛋白质的吸收，还会对肠胃产生强烈刺激，引起肠胃不适，出现中毒反应。为了避免这种情况发生，最好的办法就是将豆浆加热至 100 摄氏度，这样才能放心饮用。

如果喝了豆浆之后，出现头痛、头晕、呼吸困难等症状，就可能是中毒了，应该马上送医院就诊。

不用豆浆吃药

有些人喜欢用豆浆送服药物，这种做法是错误的。药物会破坏豆浆里面的营养成分，豆浆也会影响药物的药效发挥。有的人为了让豆浆保温，就把豆浆放在暖壶中保存，这种做法也是错误的。因为暖壶内又热又湿，还是一个密闭的空间，最适合细菌繁殖。另外，豆浆中的皂毒素还会让暖壶中的水垢脱落，喝了之后很容易中毒。最正确的吃药方法是用温度适中的清水服送药物，吃药时搭配其他任何一种饮品都是对健康不利的。

不空腹喝豆浆

空腹饮用豆浆，会使得豆浆中含有的蛋白质在人体内转化成热量，随之被消耗掉，其营养成分并不能全部被人体吸收。在喝豆浆的时候，最好能够同时摄入一些馒头、面包等含淀粉的食物，因为豆浆中的蛋白质在淀粉酶的作用下，在胃液中可以充分地发生酶解，使营养物质尽可能地被人体吸收；在喝完豆浆以后，如果能够再吃一些水果，则更有利于人体对铁的吸收，有益身体健康。

豆浆的神奇功效

豆浆富含维生素、钙、铁等营养素，每天喝一杯豆浆，可以强身健体，增强免疫力，还能预防多种疾病。老人常喝，可以保健；女人常喝，可以养颜美容……总之，豆浆是一种有益人体健康的饮品。

功效 1

降压，降血糖

豆浆中含有大量的豆固醇、镁、钾等抗钠盐物质，能够有效地抑制人体内滞留过多的钠，从而起到降低血压的作用。所以常喝豆浆，可以预防高血压，而对于高血压患者来说，豆浆有助于稳定血压，缓解病情。此外，豆浆中富含纤维素，能够抑制人体吸收过多的糖类物质，减少体内糖分，起到防治糖尿病的作用。糖尿病患者经常喝豆浆，有利于降低其体内的血糖含量，有效地缓解各类糖尿病症状，并预防某些并发症的形成。

功效 2

防治支气管炎，降血脂

豆浆中含有一种麦氨酸成分，能够有效地抑制支气管炎引起的平滑肌痉挛症状。因此，常喝豆浆可以预防、缓解支气管炎。此外，豆浆中含有镁、钙等营养素，可以有效降低血脂，保护脑血管并使其通畅，从而减小脑梗死、脑出血等疾病的发生概率。同时，豆浆中还富含卵磷脂，可以减缓脑细胞死亡，改善脑部功能，健脑益智。

功效 3

防癌抗癌，保护心脏

豆浆中含有硒、钼以及蛋白质，能够有效地抑制癌细胞的形成与再生，起到防癌抗癌的作用。研究表明，豆浆对防治乳腺癌、胃癌、肠癌非常有效，坚持喝豆浆的人患癌症的概率要比不喝豆浆的人低50%。此外，豆浆中富含钾、镁等微量元素以及豆固醇，可以对心肌血管起到刺激作用，预防血管发生痉挛，保护心脏，促进血液循环，从而有效地防治冠心病。冠心病患者常喝豆浆，能够缓解病情，降低复发率。

PART 1
经典早餐豆浆

豆浆营养丰富，是人们早餐中最常见的饮品之一。一杯热乎乎的豆浆，含有丰富的蛋白质、维生素等营养素，可以补充人体所需的各类营养物质，增强人体的抵抗力。一杯豆浆，再配上一份美味的主食，让精彩的一天从健康的早餐开始！

杏仁榛子豆浆

原料

杏仁·····················15克
榛子仁·····················15克
黄豆·····················60克

做法

① 黄豆用清水浸泡10小时；杏仁、榛子仁洗净碾碎。

② 将上述食材一同倒入全自动豆浆机中，加水至上、下水位线之间，按下功能键，煮至豆浆机提示豆浆做好即可。

功效

此款豆浆富含蛋白质、维生素E、钙和铁等，胆固醇的含量较低，对恢复体能有所帮助。

食材百科之杏仁

杏仁分为甜杏仁和苦杏仁两种，两者的味道不同，食疗效果也有差异。甜杏仁的味道微甜，常食有润肺止咳的功效，有益于心脏的保护。苦杏仁则味道苦涩，但性味温和，有发散风寒、通便润肠的功效，适合大便干燥、咳嗽气喘者食用。

芝麻黑米豆浆

原料

黑芝麻⋯⋯⋯⋯⋯⋯⋯15 克

黑米⋯⋯⋯⋯⋯⋯⋯⋯20 克

花生仁⋯⋯⋯⋯⋯⋯⋯15 克

黑豆⋯⋯⋯⋯⋯⋯⋯⋯50 克

做法

① 将黑豆提前用清水浸泡 8 小时，取出备用；
黑芝麻洗净，碾碎；花生仁洗干净；黑米
用清水浸泡 2 小时。

② 将泡好的黑豆、黑米先放入豆浆机中，再
放入碾碎的黑芝麻和花生仁，加入适量清
水，按下功能键。

③ 豆浆做成后滤去残渣，根据个人口味加入
调味品即可。

功效

此款豆浆能减少血液中胆固醇的含量，预
防动脉硬化，还能养肝益肾，促进消化。

黑米葡萄干豆浆

原料

黑米⋯⋯⋯⋯⋯⋯⋯⋯30 克

黄豆⋯⋯⋯⋯⋯⋯⋯⋯60 克

枸杞子⋯⋯⋯⋯⋯⋯⋯10 克

葡萄干⋯⋯⋯⋯⋯⋯⋯20 克

做法

① 将黄豆、黑米提前浸泡大约 10 小时，洗净
备用；枸杞子、葡萄干淘洗干净备用。

② 先放入浸泡好的黄豆，然后放入黑米、葡
萄干、枸杞子，加入适量清水，按下功能键，
煮至豆浆机提示做好即可。

功效

此款豆浆甜而不腻，适合女性饮用，有滋
补气血、健脾养胃的功效。另外豆浆中加入了
枸杞子，也适合体虚易疲劳的人饮用，对那些
长时间使用眼睛的人群，如学生、白领等也很
适合。

黑豆绿豆红豆豆浆

原料

黑豆·····························50 克
绿豆·····························10 克
红豆·····························20 克

做法

① 黑豆用清水浸泡 10 小时，洗净；红豆、绿豆淘洗干净，用清水浸泡 4 小时备用。

② 将上述食材一同倒入全自动豆浆机中，加水至上、下水位线之间，煮至豆浆机提示豆浆做好即可。

功效

　　此款豆浆能缓解因工作压力大而出现的体虚乏力症状，还能辅助调养肾虚和抑制脱发。

黄豆豆浆

原料

黄豆·····························75 克
白糖·····························适量

做法

① 黄豆加水浸泡约 8 小时，洗净备用。

② 将浸泡好的黄豆倒入豆浆机中，加适量清水，搅打成豆浆，煮熟。

③ 将煮好的豆浆滤去残渣，加入白糖调匀。

功效

　　黄豆营养丰富，是营养价值最高的豆类之一。此款豆浆具有促进肠胃蠕动、增强钙质吸收、降血压、抗氧化、延缓衰老等功效。

冰糖银杏豆浆

原料

黄豆……………………80 克

银杏仁……………………20 克

冰糖………………………适量

做法

1. 将黄豆泡好，备用；银杏仁洗净去膜，去心。
2. 将泡好的黄豆放入豆浆机中，再放入银杏仁，加入适量清水，按下功能键，煮至豆浆机提示豆浆做好。
3. 放入冰糖搅匀即可。

功效

　　此款豆浆含有丰富的蛋白质、B 族维生素、维生素 E、钙和铁等，对恢复体能有所帮助。

食材百科之银杏

　　银杏也称白果，待其成熟后去掉外皮及硬壳取其果仁食用。长期以来，人们一直把银杏当作上等干果。宋朝曾经把它列为贡品、圣品，深得皇帝的喜爱，当时多为豪门权贵者享用。银杏的营养非常丰富，含有粗蛋白、脂肪、矿物质、粗纤维和多种维生素。

绿豆豆浆

原料

绿豆⋯⋯⋯⋯⋯⋯⋯⋯⋯⋯⋯80 克

白糖⋯⋯⋯⋯⋯⋯⋯⋯⋯⋯⋯适量

做法

① 绿豆加水泡至发软，捞出洗净。

② 将泡好的绿豆放入全自动豆浆机中，加适量清水搅打成豆浆，煮熟。

③ 滤去残渣，加入适量白糖调匀即可。

功效

　　绿豆富含多种营养素，能有效清除血管中的胆固醇和脂肪，预防心血管病变。此款豆浆具有清热消暑、调理胃气、润喉止咳、明目降压的功效。

豌豆豆浆

原料

豌豆⋯⋯⋯⋯⋯⋯⋯⋯⋯⋯⋯75 克

白糖⋯⋯⋯⋯⋯⋯⋯⋯⋯⋯⋯适量

做法

① 豌豆加水泡至脱皮，去皮洗净。

② 将豌豆放入全自动豆浆机中，加入适量清水，按下功能键，将豌豆搅打成浆并煮熟。

③ 将豆浆滤去残渣，加入白糖调味即可。

功效

　　此款豆浆具有和中益气、利尿消肿等功效。豌豆略带清甜，宜与鸡蛋、肉干等富含氨基酸的食物同食。

海带豆浆

原料

海带·······························100 克
黄豆·······························80 克
盐·······························适量

做法

❶ 将黄豆在清水中浸泡 12 小时；海带浸泡 4 小时以上。

❷ 把海带清洗干净，和黄豆一起放入豆浆机中，加入适量清水和少量盐。

❸ 按下功能键搅打，完成后滤去残渣即可。

功效

此款豆浆可以预防甲状腺肿，降低血压和胆固醇，还能预防各类心脑血管疾病的发生。

食材百科之海带

海带是一种海生植物，含有丰富的碘，是良好的补碘食物。除了含有碘之外，海带中还含有大量的褐藻酸钠盐，对骨痛病和白血病有很好的预防作用。海带还可以作为中药材使用，具有"碱性食物之冠"的称号，近些年来人工种植的面积很广。

燕麦芝麻豆浆

原料

燕麦·····················30 克
黑芝麻···················10 克
黄豆·····················35 克
冰糖·····················适量

做法

1. 黄豆预先浸泡至软，捞出洗净；燕麦淘洗干净，用清水浸泡 2 小时；黑芝麻碾碎。
2. 将上述原材料放入豆浆机中，添水搅打煮熟成豆浆。
3. 滤出豆浆，加冰糖拌匀即可。

功效

　　燕麦、黑芝麻与黄豆搭配做的豆浆，能够有效地预防小儿佝偻病的发生。

燕麦苹果豆浆

原料

燕麦片···················适量
苹果·····················1 个
黄豆·····················40 克
白糖·····················适量

做法

1. 将黄豆预先浸泡至软，清洗干净；苹果削皮取果肉，切成小块。
2. 将泡好的黄豆和苹果一同倒入豆浆机中，添水搅打，煮沸成豆浆。
3. 加入燕麦片、白糖搅匀即可。

功效

　　此款豆浆具有补充营养、消除疲劳的功效。

黑豆雪梨大米豆浆

原料

黑豆·······················40 克

雪梨·······················60 克

大米·······················30 克

蜂蜜·······················适量

做法

1. 将黑豆用清水浸泡约 10 小时，捞出清洗干净，备用；雪梨清洗干净，去皮、蒂、核，切成碎片；大米淘洗干净。
2. 将黑豆、雪梨、大米放入豆浆机中，加入适量清水，按下功能键。
3. 豆浆做成后，待其温热时加入适量蜂蜜搅匀即可。

功效

此款豆浆富含蛋白质、B 族维生素、维生素 E、钙和铁等营养素。

食材百科之雪梨

雪梨因其肉嫩白如雪而得名，《本草纲目》中记载："梨者，利也，其性下行流利。"医学研究证明，雪梨的确具有润  肺清燥、止咳化痰、养血生肌的作用，对急性气管炎和上呼吸道感染引起的咽干、痒、痛，音哑，痰稠等均有良效。

香蕉豆浆

原料

香蕉·····················1根
黄豆·····················50克
白糖·····················适量

做法

① 黄豆加水浸泡至变软，洗净；香蕉去皮，切成小块。

② 将黄豆、香蕉倒入豆浆机中，加水搅打，煮熟成香蕉豆浆。

③ 加入白糖拌匀即可。

功效

此款豆浆具有防止血压上升、缓解紧张情绪、提高学习和工作效率等功效。

核桃燕麦豆浆

原料

核桃仁·····················10克
燕麦·····················10克
黄豆·····················40克
冰糖·····················适量

做法

① 黄豆预先浸泡至软，捞出洗净；核桃仁碾碎；燕麦淘洗干净，用清水浸泡2小时。

② 将黄豆、核桃仁、燕麦放入豆浆机中，添水搅打，煮熟成豆浆。

③ 滤出豆浆，加入冰糖拌匀即可。

功效

营养丰富的核桃仁与同样富含多种营养素的燕麦、黄豆搭配，可以很好地促进大脑发育。

板栗红枣黑豆豆浆

原料

板栗·····················20 克

红枣·····················15 克

黑豆·····················80 克

做法

① 将板栗剥皮，切成碎粒；红枣洗净，去核；黑豆提前浸泡 10 小时，捞出备用。

② 板栗、红枣、黑豆放入豆浆机中，加入适量清水，启动功能键，煮至豆浆机提示做好即可。

功效

此款豆浆富含卵磷脂和维生素 C，可增强脑细胞的功能，补脑益智，延缓大脑衰老。

食材百科之板栗

板栗俗称栗子，是我国的特产，享有"干果之王"的美誉，在国外还被称为"人参果"。板栗中含有丰富的碳水化合物、蛋白质、脂肪，其中维生素 C 的含量比西红柿还多。

23

红豆黄豆红枣豆浆

原料

红豆·····················20 克
黄豆·····················30 克
红枣·····················20 克
冰糖·····················适量

做法

❶ 黄豆、红豆分别浸泡至软，捞出洗净；红枣用温水洗净，去核，切成小块。

❷ 将黄豆、红豆、红枣放入豆浆机中，添水搅打成豆浆，煮沸后滤出豆浆，加入冰糖拌匀即可。

功效

红豆含有较多的皂角苷、膳食纤维及叶酸等，具有刺激肠道、调节血糖、促进乳汁分泌等功效。

黄芪大米豆浆

原料

黄豆·····················60 克
黄芪·····················25 克
大米·····················20 克
蜂蜜·····················适量

做法

❶ 黄豆预先泡软，洗净；大米淘洗干净；黄芪煎汁备用。

❷ 将黄豆、大米一起放入豆浆机中，淋入黄芪汁，添适量水搅打煮熟成豆浆。

❸ 过滤晾凉，加入蜂蜜调味即可。

功效

黄豆、大米与中药材黄芪同做豆浆，可以起到改善气虚及气血不足的作用。

人参紫米豆浆

原料

人参·····················20 克
紫米·····················15 克
黄豆·····················55 克
蜂蜜·····················适量

做法

1 将人参洗干净，煎成汁；紫米淘洗干净，用清水浸泡 2 小时；黄豆提前浸泡一夜，捞出洗干净。

2 将黄豆、紫米放入豆浆机中，倒入人参汁，加入适量清水，按下功能键。

3 豆浆做成后，晾至温热，加入蜂蜜搅匀即成。

功效

　　紫米中含有硒等多种微量元素，可以抑制自由基的形成，保护人体免疫系统，增强人体免疫力。

 食材百科之人参

　　人参与貂皮、鹿茸三者合称为"东北三宝"，在民间有"百草之王"的美誉。常处于"亚健康"状态的都市白领可用人参来增强抵抗力，缓解疲劳、恢复体力。

豌豆绿豆大米豆浆

原料

豌豆·····························10 克

绿豆·····························15 克

大米·····························75 克

冰糖·····························适量

做法

① 绿豆、豌豆用清水浸泡 4 小时，洗净；大米淘洗干净。

② 将上述材料倒入豆浆机中，加水至上、下水位线之间，搅打煮成豆浆后滤出，加入冰糖拌匀即可。

功效

　　大米和豆类的比例为 3:1 时，最有利于淀粉与蛋白质的互补和吸收，豌豆和绿豆中的赖氨酸可弥补大米营养的不足。

南瓜二豆豆浆

原料

南瓜·····························20 克

绿豆·····························30 克

红豆·····························30 克

白糖·····························适量

做法

① 将绿豆、红豆分别加清水浸泡至软，捞出洗净；南瓜洗净去皮，切成小块。

② 将所有原材料放入豆浆机中，添水搅打成豆浆，煮沸后滤出豆浆，加入白糖调味即可。

功效

　　南瓜适合中老年人和较为肥胖者食用，此款豆浆综合了南瓜、绿豆、红豆的营养，具有很好的降压、抗癌作用。

腰果小米豆浆

原料

腰果······20克
小米······35克
黄豆······35克
白糖······适量

做法

1. 黄豆预先浸泡至软，捞出洗净；小米淘洗干净；腰果略泡并洗净。
2. 黄豆、小米、腰果放入豆浆机中，添水搅打成豆浆，煮沸后滤出豆浆，加入白糖拌匀即可。

功效

　　腰果具有补脑养血、补肾健脾以及下逆气、止久渴等功效，又含有丰富的油脂，还可以起到润肠通便、延缓衰老的作用。

小麦玉米豆浆

原料

小麦······20克
玉米粒······30克
黄豆······45克
冰糖······适量

做法

1. 将黄豆预先浸泡至软，捞出洗净；玉米粒洗净；小麦洗净。
2. 将黄豆、小麦、玉米粒放入豆浆机中，添水搅打煮沸成豆浆。
3. 滤出豆浆，加入冰糖拌匀即可。

功效

　　玉米中含有丰富的不饱和脂肪酸，对冠心病、动脉粥样硬化、高脂血症及高血压等都有一定的预防和治疗作用。

百合莲子银耳豆浆

原料

百合	15克
莲子	15克
银耳	15克
黄豆	50克

做法

1. 将黄豆预先浸泡至软, 捞出洗净; 莲子去心, 用开水泡软; 银耳泡发, 去杂质, 洗净撕成小朵; 百合洗净。

2. 将所有原材料放入豆浆机中, 添水搅打成豆浆, 煮熟即可。

功效

黄豆、百合、莲子、银耳搭配做豆浆, 具有增强免疫力及抗肿瘤的功效。

燕麦枸杞豆浆

原料

燕麦片	适量
枸杞子	适量
山药	20克
黄豆	40克

做法

1. 黄豆预先浸泡至软, 捞出洗净; 山药去皮洗净, 切丁; 枸杞子洗净, 泡软。

2. 将所有原材料放入豆浆机中, 添水搅打成豆浆, 煮沸后滤出豆浆即可。

功效

此款豆浆温热身体的效果比较好, 具有强身健体、延缓衰老的作用。

南瓜绿豆豆浆

原料

南瓜··························30 克

绿豆··························20 克

黄豆··························50 克

白糖··························适量

做法

❶ 黄豆、绿豆用清水浸泡 6 小时；南瓜去皮去瓤，洗净切块。

❷ 以上食材倒入豆浆机中，加水至上、下水位线之间，按下功能键。

❸ 豆浆做好后，倒出过滤，加适量白糖拌匀即可。

功效

　　此款豆浆可清热解毒，有助于通便，尤其适宜肠燥便秘者饮用。

 食材百科之南瓜

　　南瓜富含胡萝卜素和维生素 C，具有健脾护肝、预防胃炎、防治夜盲症、使皮肤变得细嫩，以及中和致癌物质的作用。此外，南瓜还可以促进肠道蠕动，帮助食物消化，恢复及再生肝肾功能。

红豆豆浆

原料

红豆 ···························· 80 克
白糖 ···························· 适量

做法

1. 红豆洗净，用清水浸泡 6 ~ 8 小时。
2. 将浸泡好的红豆倒入豆浆机中，加水至上、下水位线之间，按下功能键。
3. 待豆浆机提示豆浆做好后，倒出过滤，再加入适量白糖，即可饮用。

功效

　　此款豆浆具有利水消肿、清热解毒的功效，适宜水肿型肥胖者饮用。

黑豆豆浆

原料

黑豆 ···························· 80 克
白糖 ···························· 适量

做法

1. 黑豆洗净，用清水浸泡 6 ~ 8 小时。
2. 将泡好的黑豆倒入豆浆机中，加水至上、下水位线之间，按下功能键。
3. 待豆浆机提示豆浆做好后，倒出过滤，再加入适量白糖，即可饮用。

功效

　　此款豆浆具有滋阴养颜、延缓衰老、缓解肾虚的功效，对高血压、心脏病以及肝脏方面的疾病有辅助治疗作用。

黄瓜绿豆豆浆

原料

黄瓜··························30 克

绿豆··························20 克

黄豆··························50 克

做法

❶ 黄豆、绿豆洗净，用清水浸泡 6 小时；黄瓜洗净去皮，切块。

❷ 以上食材倒入豆浆机中，加水至上、下水位线之间，按下功能键。

❸ 豆浆做好后，过滤并倒入容器中，即可饮用。

功效

此款豆浆具有缓解上火症状的作用，且性质较为温和，能清热解毒，一般人群皆可饮用。

食材百科之绿豆

绿豆富含蛋白质、磷脂、多糖等营养素，具有兴奋神经、促进食欲，以及防治冠心病和心绞痛等疾病的功效。此外，绿豆还含有抗过敏成分，可以用来辅助治疗荨麻疹等病。

大米板栗豆浆

原料

大米·····························30 克

板栗·····························30 克

黄豆·····························60 克

白糖·····························适量

做法

❶ 黄豆洗净，用清水浸泡 6 小时；大米洗净浸泡 2 小时；板栗取肉，切为碎块。

❷ 以上食材倒入豆浆机中，加水至上、下水位线之间，按下功能键。

❸ 豆浆做好后，倒出过滤，再加入适量白糖，即可饮用。

功效

　　此款豆浆综合了板栗和黄豆等食材的营养，具有益气健脾、强筋壮骨的功效。

糙米核桃花生豆浆

原料

糙米·····························30 克

核桃仁···························10 克

花生仁···························15 克

黄豆·····························50 克

白糖·····························适量

做法

❶ 黄豆洗净，用清水浸泡 6 小时；糙米洗净，用清水浸泡 4 小时；核桃仁、花生仁洗净，用清水泡开。

❷ 以上食材倒入豆浆机中，加水至上、下水位线之间，按下功能键。

❸ 豆浆做好后，倒出过滤，加适量白糖，即可饮用。

功效

　　此款豆浆营养丰富，具有补中益气、调和五脏的功效，非常适宜冬季饮用。

燕麦糙米豆浆

原料

燕麦片··························20 克
糙米····························15 克
黄豆····························45 克

做法

1. 黄豆放水中浸泡 6 ~ 8 小时；糙米洗净，放水中泡软备用。
2. 将黄豆、糙米放入豆浆机中，添水搅打成豆浆，烧沸后滤出豆浆，冲入燕麦片即可。

功效

　　燕麦不仅营养丰富，食用后还容易有饱腹感。因此，此款豆浆尤其适宜想瘦身者饮用。

生姜红枣豆浆

原料

生姜····························1 块
红枣····························10 颗
黄豆····························60 克
红糖····························适量

做法

1. 黄豆放清水中浸泡 6 小时；红枣放清水中泡开，去核；生姜去皮，切成薄片。
2. 以上食材倒入豆浆机中，加水至上、下水位线之间，按下功能键。
3. 豆浆做好后，倒出过滤，加适量红糖，即可饮用。

功效

　　此款豆浆具有促进血液循环及预防感冒的作用。

枸杞荞麦豆浆

原料

枸杞子⋯⋯⋯⋯⋯⋯⋯⋯15 克
荞麦⋯⋯⋯⋯⋯⋯⋯⋯⋯30 克
黄豆⋯⋯⋯⋯⋯⋯⋯⋯⋯50 克
白糖⋯⋯⋯⋯⋯⋯⋯⋯⋯适量

做法

❶ 黄豆浸泡 6 小时；荞麦浸泡 4 小时；枸杞子泡开。
❷ 以上食材倒入豆浆机中，加水至上、下水位线之间，按下功能键。
❸ 豆浆做好后，倒出过滤，再加入适量白糖，即可饮用。

功效

　　此款豆浆除了可以调节血脂外，还可起到预防糖尿病并发症的作用。

糯米黑豆豆浆

原料

糯米⋯⋯⋯⋯⋯⋯⋯⋯⋯30 克
黑豆⋯⋯⋯⋯⋯⋯⋯⋯⋯50 克
黄豆⋯⋯⋯⋯⋯⋯⋯⋯⋯20 克
白糖⋯⋯⋯⋯⋯⋯⋯⋯⋯适量

做法

❶ 黄豆、黑豆浸泡 6 ~ 8 小时；糯米浸泡 4 小时。
❷ 以上食材倒入豆浆机中，加水至上、下水位线之间，按下功能键。
❸ 豆浆做好后，倒出过滤，加适量白糖，即可饮用。

功效

　　此款豆浆具有活血补肾、滋阴养颜的功效，经常饮用可起到美肤、润肤、提升气色的作用。

桑叶黑米豆浆

原料

干桑叶……………………10 克
黑米………………………40 克
黄豆………………………50 克
白糖………………………适量

做法

① 黄豆浸泡 6 小时；黑米浸泡 4 小时；干桑叶用温水泡开。

② 以上食材倒入豆浆机中，加水至上、下水位线之间，按下功能键。

③ 豆浆做好后，倒出过滤，加适量白糖，即可饮用。

功效

此款豆浆具有降血压、润肺止咳、清热明目、滋养肝肾的功效，尤其适合肝燥兼高血压患者饮用。

 食材百科之黑米

中医认为，黑米具有显著的药用价值，可以滋阴补肾、健身暖胃、明目活血、清肝润肠、补肺缓筋等，对头晕目眩、腰膝酸软、贫血白发等病症都有很好的辅助治疗作用。

花生红枣豆浆

原料

花生仁······················30 克
红枣························10 颗
黄豆························50 克
白糖························适量

做法

❶ 将黄豆浸泡约 6 小时；花生仁、红枣全都泡开，红枣去核。
❷ 以上食材倒入豆浆机中，加水至上、下水位线之间，按下功能键。
❸ 豆浆做好后，倒出过滤，再加入适量白糖，即可饮用。

功效

　　此款豆浆具有补血养颜的功效，尤其适合女性朋友饮用。

小麦胚芽大米豆浆

原料

小麦胚芽···················30 克
大米························30 克
黄豆························50 克
白糖························适量

做法

❶ 黄豆浸泡 6 小时；大米浸泡 2 小时；小麦胚芽洗净，控干。
❷ 以上食材倒入豆浆机中，加水至上、下水位线之间，按下功能键。
❸ 豆浆做好后，倒出过滤，加适量白糖，即可饮用。

功效

　　小麦胚芽含有丰富的维生素 E、蛋白质等营养素，此款豆浆是老人和儿童的理想滋补品。

核桃蜂蜜黑豆豆浆

原料

核桃仁·····················30 克
蜂蜜·······················适量
黑豆·······················50 克
黄豆·······················20 克

做法

① 黄豆、黑豆浸泡 6 ~ 8 小时；核桃仁用温水泡开。

② 以上食材倒入豆浆机中，加水至上、下水位线之间，按下功能键。

③ 豆浆做好后，倒出过滤，稍晾凉加入适量蜂蜜，即可饮用。

功效

　　核桃、黑豆都是具有补肾、防衰老功效的佳品，此款豆浆尤其适合因年老肾衰导致脱发的人群饮用。

黑芝麻黑豆豆浆

原料

黑芝麻·····················30 克
黑豆·······················70 克
白糖·······················适量

做法

① 黑豆浸泡 6 ~ 8 小时；黑芝麻洗净，控干。

② 以上食材倒入豆浆机中，加水至上、下水位线之间，按下功能键。

③ 豆浆做好后，倒出过滤，加适量白糖，即可饮用。

功效

　　此款豆浆具有补肾益气的功效，同时还可以缓解因肾气虚引起的腰膝酸软、四肢无力等症状。

绿豆红薯豆浆

原料

绿豆·······················50 克
红薯·······················50 克
白糖·······················适量

做法

① 绿豆浸泡 6 ~ 8 小时；红薯去皮，切丁。

② 以上食材倒入豆浆机中，加水至上、下水位线之间，按下功能键。

③ 豆浆做好后，加适量白糖即可。

功效

此款豆浆具有良好的解毒功效，可有效帮助人体清除多种毒素，维持身体健康。

食材百科之红薯

红薯又称地瓜，富含蛋白质、淀粉、果胶、纤维素、氨基酸、维生素及多种矿物质，有"长寿食品"的美称，具有减肥、抗癌、保护心脏及预防肺气肿和糖尿病等功效。

小麦核桃红枣豆浆

原料

小麦……………………20 克
核桃仁…………………10 克
红枣……………………5 颗
黄豆……………………50 克
白糖……………………适量

做法

1 将黄豆、小麦浸泡 6 小时，备用；核桃仁、红枣泡开，红枣去核。

2 以上食材倒入豆浆机中，加水至上、下水位线之间，按下功能键。

3 豆浆做好后，倒出过滤，然后加入适量白糖，即可饮用。

功效

　　此款豆浆具有强身健脑、补气养血的功效，经常饮用有助于增强体质、延缓衰老。

杂粮豆浆

原料

黑豆……………………20 克
青豆……………………20 克
黄豆……………………20 克
扁豆……………………20 克
花生仁…………………20 克
白糖……………………适量

做法

1 将黄豆、黑豆、青豆浸泡 6 小时；扁豆洗净切碎；花生仁泡开。

2 将全部食材一起倒入豆浆机中，加适量水，按下功能键。

3 待豆浆做好后，加入白糖，即可饮用。

功效

　　此款豆浆具有降脂降糖的功效，适宜经常在外就餐者解腻清脂时饮用。

高粱红枣豆浆

原料

高粱米························20 克

红枣··························20 克

黄豆··························20 克

做法

① 将黄豆提前浸泡约 10 小时，捞出清洗干净，备用；高粱米淘洗干净，用清水浸泡约 2 小时；红枣洗净去核，切成碎片。

② 将泡好的黄豆、高粱米、红枣全部放入豆浆机中，加适量水，按下功能键，煮至豆浆机提示豆浆做好即可。

功效

　　此款豆浆可以健脾养胃，有效提高人体免疫力。

红豆小米豆浆

原料

红豆··························15 克

小米··························15 克

黄豆··························15 克

白糖··························适量

做法

① 提前用清水浸泡好黄豆和红豆，和小米倒在一起全部淘洗干净。

② 将所有食材倒入豆浆机中，加水至上、下水位线之间，按下功能键。

③ 豆浆打好之后加白糖即可饮用。

功效

　　女性饮用红豆小米豆浆可滋阴补虚，老人饮用可以健脾养胃，并且此款豆浆还能有效降低心脏病和癌症的发病概率，提高人体免疫力。

PART 2

养生保健豆浆

不管是即将孕育生命的准爸妈，还是正在长身体的宝宝，不管是承担工作压力和生活压力的中年人，还是已经年迈体虚的老人，他们都有各自对营养的需求。选用不同的食材，做出不一样的豆浆，为家人提供健康的营养搭配，让豆浆充满亲情和关怀！

芝麻燕麦黑豆豆浆

原料

黑芝麻·····················10 克

燕麦·······················30 克

黑豆·······················50 克

功效

　　此款豆浆含有丰富的蛋白质和脂肪，能有效地促进儿童的生长发育。

做法

1 预先将黑豆泡发。

2 将燕麦淘洗干净，用水浸泡 2 小时；黑芝麻碾碎备用。

3 将泡好的黑豆、燕麦和碾碎的黑芝麻一起倒入豆浆机中，加入适量清水，煮好即可。

姜汁黑豆豆浆

原料

生姜······················1块

黑豆······················80克

红糖······················适量

做法

1. 黑豆浸泡6～8小时；生姜去皮、洗净，切成小片。
2. 以上食材倒入豆浆机中，加水至上、下水位线之间，按下功能键。
3. 豆浆做好后，倒出过滤，再加入适量红糖，即可饮用。

功效

此款豆浆驱寒暖胃、预防风寒的作用非常显著。

南瓜豆浆

原料

南瓜······················150克

黄豆······················50克

做法

1. 先将黄豆放入清水中浸泡10小时左右；南瓜去皮洗净，切丁备用。
2. 将南瓜和泡好的黄豆倒入豆浆机中，加入适量清水，按下功能键。
3. 豆浆煮好之后，过滤一下即可饮用。

功效

此款豆浆混合了黄豆和南瓜的清香，口感甜而不腻，有利于预防骨质疏松和高血压，还能养颜美容，增强身体活力。

糯米桂圆豆浆

原料

糯米·······························15 克
桂圆肉·························15 克
黄豆·······························60 克

做法

❶ 将糯米淘洗干净，再用清水泡 2 小时；黄豆浸泡 10 小时；桂圆肉泡好待用。

❷ 将泡好的黄豆、桂圆肉和糯米一起倒入豆浆机中，加入适量清水，煮好后即可饮用。

功效

此款豆浆具有缓解烦躁不安、心绪不宁等更年期症状的功效。

食材百科之桂圆

桂圆看似传说中"龙"的眼睛，所以又叫作"龙眼"。桂圆的果肉中含蛋白质、脂肪、碳水化合物、纤维素、维生素 C、维生素 K 和烟酸等多种营养成分，同时还含有钾、钙、磷等微量元素。其中，烟酸和维生素 K 的含量很高，优于其他水果。

南瓜牛奶豆浆

原料

南瓜·····················40 克
牛奶·····················200 毫升
黄豆·····················40 克
白糖·····················适量

做法

① 黄豆浸泡 6 ～ 8 小时；南瓜去皮、瓤，切成小块。

② 以上食材倒入豆浆机中，加水至上、下水位线之间，按下功能键。

③ 豆浆做好后，倒出过滤，加适量白糖，即可饮用。

功效

　　此款豆浆含有丰富的钙质、维生素 A、维生素 E 等，可起到改善贫血及增强体质的作用。

红枣燕麦豆浆

原料

红枣·····················20 克
燕麦片···················30 克
黄豆·····················50 克

做法

① 将红枣清洗干净，去掉枣核；黄豆放入清水中浸泡 10 小时备用。

② 将黄豆、红枣和燕麦片放入豆浆机中，加入适量的清水，煮好之后即可饮用。

功效

　　此款豆浆可以调理肠胃、镇定安神，长期饮用还有助于美容养颜，让皮肤白嫩光滑。

五豆豆浆

原料

黄豆··························60 克

黑豆··························50 克

白豆··························50 克

红豆··························60 克

绿豆··························50 克

做法

① 将五种豆子分别放入水中浸泡 10 小时左右。

② 把泡好的豆子放入豆浆机中，倒入适量清水，然后开机搅打，煮熟过滤后即可饮用。

功效

此款豆浆营养丰富，是滋补的佳品。还可以在豆浆中加入蜂蜜，能起到美容养颜的功效。

食材百科之白豆

白豆又叫作眉豆，体形上要比黄豆略大一些，同绿豆、红豆一样，属于干豆类食品。李时珍在《本草纲目》中曾如此评价白豆："此豆可菜、可果、可谷，备用最好，乃豆中之上品。"从中医的角度来看，白豆最适宜肾病患者食用，可补益肾脏、利尿消肿。

杏仁腰果豆浆

原料

杏仁·····················50 克
腰果·····················50 克
黄豆·····················50 克

做法

1. 将黄豆放入水中浸泡 10 小时；腰果和杏仁洗净。
2. 将所有食材一起放入豆浆机中。
3. 加入适量清水，开机搅拌，煮熟后过滤即可饮用。

功效

此款豆浆能够起到美容养颜、提高自身抵抗力、强健血管等作用。

黑芝麻核桃豆浆

原料

黑芝麻·····················50 克
核桃仁·····················50 克
黄豆·····················50 克

做法

1. 将黄豆放水中浸泡 8 小时。
2. 把核桃仁、黑芝麻洗净，和泡好的黄豆一起放入豆浆机中，加水搅拌煮熟。
3. 将豆渣过滤后即可饮用。

功效

此款豆浆能够起到润肤乌发、美容养颜、镇静安神等作用。

松子芝麻糯米豆浆

原料

松子·······················50 克
芝麻·······················60 克
糯米·······················50 克
黄豆·······················50 克

做法

① 将黄豆放入水中浸泡 8 小时。
② 将糯米、芝麻、松子洗净后，与泡好的黄豆一同放入豆浆机中，加水搅拌。
③ 豆浆煮熟做好后过滤即可饮用。

功效

此款豆浆有助于防止动脉硬化、滋润皮肤、延年益寿。

食材百科之松子

松子，被称为"长寿果"，有"坚果中的鲜品"之美誉。松子中含有丰富的蛋白质、脂肪、不饱和脂肪酸、碳水化合物等多种成分，维生素 E 的含量很高，且磷和锰含量丰富，具有健脑益智、延缓衰老的作用，食用价值很高。

小麦红枣豆浆

原料

小麦·····················30 克
红枣·····················10 颗
黄豆·····················50 克
白糖·····················适量

做法

1 黄豆浸泡 6 小时；小麦浸泡 2 小时；红枣泡开，去核。
2 以上食材倒入豆浆机中，加水至上、下水位线之间，按下功能键。
3 豆浆做好后，倒出过滤，然后加入适量白糖，即可饮用。

功效

此款豆浆具有强心补血的功效，经常饮用还可起到美容养颜的效果。

山药薏苡仁豆浆

原料

山药·····················20 克
薏苡仁···················30 克
黄豆·····················50 克
白糖·····················适量

做法

1 将黄豆浸泡 6 小时；薏苡仁浸泡 4 小时；山药去皮，切丁。
2 以上食材倒入豆浆机中，加水至上、下水位线之间，按下功能键。
3 豆浆做好后，倒出过滤，加适量白糖，即可饮用。

功效

薏苡仁是常见的除湿利水食物，尤其适合在夏季潮湿的时候食用；山药则具有补气、滋养脾胃的功效。

红枣桂圆小米豆浆

原料

红枣······················20 克

桂圆······················50 克

小米······················50 克

黄豆······················50 克

做法

❶ 将桂圆、红枣洗净去皮去核；黄豆在水中泡发；小米洗净。

❷ 将所有食材一起放入豆浆机内。

❸ 加适量水，煮熟后过滤即可饮用。

功效

　　红枣具有补中益气、养血安神、健脾益胃的功效；桂圆可健胃补脾、益气养血；小米和黄豆能健脾、益气、清热消渴。此款豆浆能补血安神、助肠胃消化，适合女性食用。

杏仁松子豆浆

原料

杏仁······················20 克
松子······················20 克
黄豆······················50 克
白糖······················适量

做法

❶ 黄豆浸泡 6 ~ 8 小时；松子洗净控干；杏仁用温水泡开。

❷ 以上食材倒入豆浆机中，加水至上、下水位线之间，按下功能键。

❸ 豆浆做好后，倒出过滤，再加入适量白糖，即可饮用。

功效

冬季进补，可以适当食用一些坚果。此款豆浆含有大量蛋白质、油脂等营养素，尤其适宜冬季饮用。

杏仁芝麻糯米豆浆

原料

杏仁······················20 克
黑芝麻·····················10 克
糯米······················20 克
黄豆······················50 克
白糖······················适量

做法

❶ 将黄豆浸泡 6 小时；糯米浸泡 4 小时；杏仁泡开；黑芝麻洗净。

❷ 以上食材倒入豆浆机中，加水至上、下水位线之间，按下功能键。

❸ 豆浆做好后，倒出过滤，加适量白糖，即可饮用。

功效

此款豆浆具有活血行气、利水消肿、美白润肤之功效。

腰果花生豆浆

原料

腰果·····························50 克
花生仁·························50 克
黄豆·····························50 克

做法

1. 将黄豆在水中浸泡 8 小时；将花生仁、腰果洗净。
2. 将所有食材一起放入豆浆机内，加水搅拌。
3. 煮熟过滤后即可饮用。

功效

此款豆浆能够补充人体所需营养，还有润肠通便、延缓衰老的作用。

食材百科之腰果

腰果又叫作鸡腰果，因其坚果呈肾形而得名。腰果是一种营养丰富、味道香甜的干果，既可当零食食用，又可制成美味佳肴。腰果的主要营养成分有脂肪、蛋白质、淀粉、碳水化合物、多种维生素及少量矿物质和微量元素，具有很好的软化血管的作用。

橘皮杏仁豆浆

原料

橘皮·····················15 克
杏仁·····················30 克
黄豆·····················50 克
白糖·····················适量

做法

① 黄豆用清水浸泡 6 小时；杏仁泡开；橘皮泡开，切碎。

② 以上食材倒入豆浆机中，加水至上、下水位线之间，按下功能键。

③ 豆浆做好后，倒出过滤，然后加入适量白糖，即可饮用。

功效

　　橘皮性温，味苦，有理气健脾、调中、燥湿、化痰的功效。此款豆浆具有预防感冒的作用。

榛子绿豆豆浆

原料

榛子仁·····················15 克
绿豆·····················40 克
黄豆·····················40 克
白糖·····················适量

做法

① 黄豆、绿豆浸泡 6 ~ 8 小时；榛子仁控干。

② 以上食材倒入豆浆机中，加水至上、下水位线之间，按下功能键。

③ 豆浆做好后，倒出过滤，加适量白糖，即可饮用。

功效

　　此款豆浆不仅具有养血活血、美容养颜、减肥降糖的功效，并且对眼睛也有一定的保健作用。

小麦豌豆豆浆

原料

小麦⋯⋯⋯⋯⋯⋯⋯⋯⋯50 克
豌豆⋯⋯⋯⋯⋯⋯⋯⋯⋯50 克
黄豆⋯⋯⋯⋯⋯⋯⋯⋯⋯50 克
冰糖⋯⋯⋯⋯⋯⋯⋯⋯⋯适量

做法

① 将小麦、豌豆和黄豆放入水中浸泡约8小时。
② 将上述食材放入豆浆机内，加水，开机搅拌。过滤后加适量冰糖，即可饮用。

功效

豌豆可以抑制癌细胞的形成，小麦有养心安神的功效。此款豆浆具有防癌抗癌的功效。

食材百科之豌豆

豌豆的营养非常丰富，主要含有蛋白质、脂肪、糖类，并含有一定的赤霉素 A、植物凝集素、胡萝卜素以及多种维生素等成分，且高钾低钠，对保护心血管有辅助作用。哺乳期女性多吃点豌豆还可增加奶量。豌豆可以清炒，也可以做汤，味道略甜。

黑芝麻大米豆浆

原料

黑芝麻··························30 克

大米·····························30 克

黄豆·····························50 克

做法

❶ 将黄豆在水中浸泡 8 小时；黑芝麻、大米洗净。

❷ 将所有食材一起放入豆浆机内。

❸ 加适量清水，开机搅拌，煮熟后过滤即可饮用。

功效

芝麻营养丰富，尤其是黑芝麻中含有丰富的铁元素，是一般食物所不能相比的，具有填精、益髓、补血等功效。

黑豆百合银耳豆浆

原料

黑豆·····························20 克

百合·····························20 克

银耳·····························30 克

黄豆·····························50 克

做法

❶ 将黄豆浸泡 8 小时；黑豆浸泡 6 小时；银耳用温水泡发。

❷ 将所有食材一起放入豆浆机内，加适量清水，开机搅拌。

❸ 煮好之后过滤即可饮用。

功效

此款豆浆中加入了清香可口的百合、柔软爽滑的银耳和营养丰富的黑豆，具有止咳化痰、宁心安神的功效。

榛子豆浆

原料

榛子仁⋯⋯⋯⋯⋯⋯⋯⋯20 克
黄豆⋯⋯⋯⋯⋯⋯⋯⋯⋯60 克
白糖⋯⋯⋯⋯⋯⋯⋯⋯⋯适量

做法

1. 将黄豆提前浸泡约 8 小时，并洗干净备用。
2. 将黄豆和榛子仁一起放入豆浆机中，加入合适水量，开机搅拌。
3. 豆浆煮好后，加入适量白糖调味即可。

功效

此款豆浆富含多种不饱和脂肪酸，能够有效缓解压力，对提高记忆力和视力、消除疲劳都很有帮助。

食材百科之榛子

榛子的果形似板栗，外壳坚硬，果仁肥白而圆，有香气，油脂含量很高，吃起来特别美味，是最受人们欢迎的坚果类食品之一，有"坚果之王"的美誉。榛子营养非常丰富，果仁中除含蛋白质、脂肪、糖类外，还含有多种维生素和矿物质。

山药红薯小米豆浆

原料

山药·····················20 克
红薯·····················80 克
小米·····················50 克
黄豆·····················50 克

做法

① 将黄豆提前浸泡约 8 小时；将山药和红薯
　去皮，洗净，切成小块。

② 将所有食材一起放入豆浆机内，加适量清
　水，开机搅拌。

③ 煮好后即可饮用。

功效

　　此款豆浆能健脾养胃，还可以美容护肤，
保持肌肤弹性，延缓衰老。

红枣花生豆浆

原料

红枣·····················20 克
花生仁·····················30 克
黄豆·····················50 克

做法

① 将黄豆在水中浸泡 8 小时。

② 将红枣去核，与花生仁一起洗净。

③ 将所有食材一起放入豆浆机内，加适量清
　水，开机搅拌煮熟后即可饮用。

功效

　　红枣具有补中、益气、养血、安神等功效；
花生可以滋养调气，具有止血生乳等功效。

高粱小米豆浆

原料

高粱米······················30 克

小米························30 克

黄豆························50 克

功效

　　此款豆浆具有健脾养胃、防止腹泻的功效，适合腹泻患者饮用。

做法

❶ 将黄豆、高粱米提前泡发备用。

❷ 将所有食材洗净后放入豆浆机中，加到合适水位，开机煮熟即可。

桂圆山药豆浆

原料
桂圆肉·····························10 克
山药·····························40 克
黄豆·····························50 克
白糖·····························适量

做法
① 黄豆浸泡 6 ~ 8 小时；桂圆肉泡开；山药去皮，切小块。
② 以上食材倒入豆浆机中，加水至上、下水位线之间，按下功能键。
③ 豆浆做好后，倒出过滤，再加入适量白糖，即可饮用。

功效
　　此款豆浆具有滋补强体、益肾补虚、养血固精的功效，尤其适合男性饮用。

玉米红豆豆浆

原料
玉米粒·····························60 克
红豆·····························30 克
黄豆·····························30 克
白糖·····························适量

做法
① 黄豆、红豆浸泡 6 ~ 8 小时；玉米粒洗净。
② 以上食材倒入豆浆机中，加水至上、下水位线之间，按下功能键。
③ 豆浆做好后，倒出过滤，加入适量白糖，即可饮用。

功效
　　此款豆浆具有利尿消肿、调中健胃的功效，同时还可缓解孕期浮肿、食欲低下等症状。

苹果葡萄干豆浆

原料

苹果·····················100 克
葡萄干·····················10 克
黄豆·····················50 克

做法

1. 将黄豆浸泡 8 小时；苹果削皮，切成小块；葡萄干洗净，放水中浸泡半小时。
2. 将所有食材一起放入豆浆机内，加适量清水，开机搅拌。
3. 过滤后即可饮用。

功效

此款豆浆具有健脾和胃的功效，还可以改善贫血，减轻疲劳。

食材百科之葡萄干

葡萄干又叫作草龙珠，口味甜腻，是将葡萄曝露在日光下晒干或在阴凉处晾干而获得的果实。这样制作出的葡萄干含水量很少，只有20% 左右。因此葡萄干可以储存很长时间，不会变质。

百合莲子豆浆

原料

百合·····························20 克
莲子·····························15 克
黄豆·····························60 克
蜂蜜·····························适量

做法

❶ 将黄豆浸泡 6 小时；百合、莲子泡开，莲
子去心去衣。
❷ 以上食材倒入豆浆机中，加水至上、下水
位线之间，按下功能键。
❸ 豆浆做好后，倒出过滤，稍凉加入适量蜂
蜜，即可饮用。

功效

　　此款豆浆综合了黄豆、百合、莲子的营养
成分，具有止咳、清火、宁心、安眠的作用。

莴笋山药豆浆

原料

莴笋·····························30 克
山药·····························20 克
黄豆·····························50 克
白糖·····························适量

做法

❶ 将黄豆浸泡 6 小时；莴笋、山药去皮，切
成小块。
❷ 以上食材倒入豆浆机中，加水至上、下水
位线之间，按下功能键。
❸ 豆浆做好后，倒出过滤，加适量白糖，即
可饮用。

功效

　　此款豆浆可以刺激消化液的分泌，进而达
到促进消化的目的，同时也兼有清胃热的功效。

核桃红枣阿胶豆浆

原料

核桃仁……………………10 克
红枣………………………10 克
阿胶………………………20 克
黄豆………………………50 克

做法

❶ 将黄豆浸泡 8 小时；将红枣洗净、去核，
　切成小片；核桃仁洗净。

❷ 将所有食材一起放入豆浆机内，加适量清
　水，开机搅拌煮熟即可。

功效

　　此款豆浆综合了黄豆、核桃仁、阿胶和红
枣的营养成分，具有补气、养血、滋阴等功效。

食材百科之核桃

　　核桃、杏仁、腰果和榛子并称世界"四大
坚果"，这些既可以生食、也可以烹饪炒食的
干果营养价值极高。核桃富含人体所必需的营
养素，常食有益补脑。

黑豆大米豆浆

原料

黑豆·····················30 克
大米·····················30 克
黄豆·····················40 克
白糖·····················适量

做法

❶ 黄豆、黑豆浸泡 6 ~ 8 小时；大米浸泡 2 小时。

❷ 以上食材倒入豆浆机中，加水至上、下水位线之间，按下功能键。

❸ 豆浆做好后，倒出过滤，再加入适量白糖，即可饮用。

功效

　　此款豆浆具有调养身体、益气养阴、延缓衰老的功效，尤其适宜体虚、脾虚水肿者饮用。

青豆豆浆

原料

青豆·····················80 克
白糖·····················适量

做法

❶ 青豆洗净，用清水浸泡 6 ~ 8 小时。

❷ 将青豆倒入豆浆机中，加水至上、下水位线之间，按下功能键。

❸ 豆浆做好后，倒出过滤，再加入适量白糖，即可饮用。

功效

　　此款豆浆以青豆为主料，具有清肝明目、润燥排毒的功效，尤其适宜春季饮用。

黑芝麻牛奶豆浆

原料
黑芝麻······················20 克
牛奶······················200 毫升
黄豆······················50 克
白糖······················适量

做法
① 黄豆浸泡 6 ~ 8 小时；黑芝麻洗净，控干。
② 将以上食材和牛奶一起倒入豆浆机中，加水至上、下水位线之间，按下功能键。
③ 豆浆做好后，倒出过滤，加适量白糖，即可饮用。

功效
　　黑芝麻、牛奶均具有很好的滋补强身作用，此款豆浆尤其适合中老年人饮用。

葵花籽黑豆豆浆

原料
葵花籽······················25 克
黑豆······················70 克
白糖······················适量

做法
① 黑豆浸泡 6 ~ 8 小时；葵花籽取仁，浸泡半小时。
② 以上食材倒入豆浆机中，加水至上、下水位线之间，按下功能键。
③ 豆浆做好后，倒出过滤，加适量白糖，即可饮用。

功效
　　此款豆浆对高脂血症、动脉硬化、高血压等疾病具有一定的防治作用。

银耳百合香蕉豆浆

原料

银耳	15 克
百合	15 克
香蕉	30 克
黄豆	50 克

做法

① 将香蕉去皮，切小段备用；将银耳、百合提前 30 分钟泡发；黄豆浸泡 6 小时。

② 将所有食材一起放入豆浆机内，加适量清水，开机搅拌，煮熟后即可饮用。

功效

此款豆浆结合了香蕉、百合和银耳三者的养生功效，能够滋阴润肺、生津止渴、养心安神。

食材百科之香蕉

香蕉是春夏秋冬四季皆宜的平民水果，价格便宜、口味香甜。研究数据表明，常食香蕉能够缓解压力、消除抑郁，因此医学界也称香蕉为"快乐水果"。但香蕉热量较高，一次不宜食用过多。

薏苡仁燕麦豆浆

原料

薏苡仁·····················20 克
燕麦片·····················30 克
黄豆·······················50 克
白糖·······················适量

做法

① 将黄豆浸泡 6 小时；薏苡仁浸泡 4 小时；燕麦片浸泡半小时。

② 以上食材倒入豆浆机中，加水至上、下水位线之间，按下功能键。

③ 豆浆做好后，倒出过滤，加适量白糖，即可饮用。

功效

薏苡仁利水，燕麦通便，黄豆清热，三者同打成豆浆，对便秘患者的症状有明显的改善作用。

杏仁牛奶豆浆

原料

杏仁·················40 克
牛奶·················500 毫升
黄豆·················50 克

做法

① 将黄豆在水中浸泡 12 小时。

② 将泡发的黄豆和杏仁放入豆浆机中，加入牛奶，按下功能键搅拌，煮好即可饮用。

功效

此款豆浆能益气养血，可降低人体胆固醇的含量，辅助治疗心血管疾病。

红枣红豆豆浆

原料

红枣·······························20 克

红豆·······························50 克

做法

❶ 将红豆浸泡 6 小时；将红枣去核洗净，切成小块。

❷ 将所有食材一起放入豆浆机内。

❸ 煮熟过滤后即可饮用。

功效

此款豆浆具有补血安神、养颜护肤的作用。

食材百科之红豆

红豆营养丰富，是中医食疗的佳品，具有解毒排脓的功效。产后女性乳汁不足者，常食红豆可以缓解症状。下腹常有胀满感觉的人，食用红豆也可以帮助其消除不适。

薏苡仁红豆豆浆

原料

薏苡仁·····················20 克
红豆·························60 克
柠檬·························半个
白糖·························适量

做法

① 红豆浸泡 6 小时；薏苡仁浸泡 4 小时；柠檬去皮去子，切块。

② 以上食材倒入豆浆机中，加水至上、下水位线之间，按下功能键。

③ 豆浆做好后，加入适量白糖，即可饮用。

功效

　　此款豆浆不仅有降低胆固醇之功效，同时也可起到防止和减轻皮肤色素沉着的作用。

胡萝卜香蕉豆浆

原料

胡萝卜·····················30 克
香蕉·························20 克
黄豆·························50 克
冰糖·························适量

做法

① 将黄豆在水中浸泡 8 小时；香蕉去皮，切成小段；胡萝卜洗净，切成小块。

② 将所有的食材一起放入豆浆机中，加适量清水，开机搅拌。

③ 根据自己的口味添加适量冰糖，即可饮用。

功效

　　胡萝卜可以促进人体的生长发育，提高免疫力；黄豆营养丰富，有利儿童身体发育。

豌豆小米豆浆

原料

豌豆·····················15克
小米·····················60克

做法

❶ 将豌豆和小米分别洗净，然后一起放入豆浆机中。

❷ 加入适量清水，开机搅拌，煮熟后即可饮用。

功效

　　豌豆能促进大肠蠕动，小米能够补虚养胃。此款豆浆特别适合体弱、气血不足和食欲不振的人饮用。

食材百科之小米

　　小米中含有蛋白质、碳水化合物、各类维生素及矿物质，常食小米，有益阴、利肺、利大肠的功效。对失眠健忘、阳盛阴虚者，尤为滋补。

西芹红枣豆浆

原料

西芹·····························30 克
红枣·····························10 颗
黄豆·····························50 克
白糖·····························适量

做法

1. 将黄豆浸泡 6 小时；红枣泡开，去核；西芹洗净切碎。
2. 以上食材倒入豆浆机中，加水至上、下水位线之间，按下功能键。
3. 豆浆做好后，倒出过滤，再加入适量白糖，即可饮用。

功效

　　西芹具有行水、减肥的功效；红枣是补气补血佳品。二者同打成豆浆，可起到提升气血、润燥利水的功效。

薏苡仁绿豆豆浆

原料

薏苡仁·····························20 克
绿豆·····························50 克
黄瓜·····························半根
白糖·····························适量

做法

1. 将绿豆浸泡 6 小时；薏苡仁浸泡 4 小时；黄瓜去皮切成小块。
2. 以上食材倒入豆浆机中，加水至上、下水位线之间，按下功能键。
3. 豆浆做好后，倒出过滤，加适量白糖，即可饮用。

功效

　　此款豆浆除了能祛湿外，还具有良好的清热解毒、美容养颜的功效。

菠菜胡萝卜豆浆

原料

菠菜……………………100 克
胡萝卜……………………30 克
黄豆……………………50 克

做法

① 将胡萝卜洗净切成小块；菠菜洗净切成小段；黄豆浸泡 10 小时备用。

② 把胡萝卜、菠菜和黄豆放入豆浆机中，加适量清水，开机搅拌。

③ 混合物煮好后，滤去残渣即可饮用。

功效

　　胡萝卜能够健脾养胃，有美容护肤的效果，和菠菜一起打豆浆饮用，具有滋补肝肾的作用。

食材百科之菠菜

　　菠菜营养丰富，含有丰富的维生素和胡萝卜素，同时还含有大量的水分、碳水化合物、蛋白质等。经常食用菠菜，有助于血压的平衡，也有助于保护视力，防治贫血。

莴笋黄瓜豆浆

原料

莴笋·······················20 克
黄瓜·······················20 克
黄豆·······················50 克
白糖·······················适量

做法

① 黄豆浸泡 6 ~ 8 小时；莴笋、黄瓜去皮，切成小块。

② 以上食材倒入豆浆机中，加水至上、下水位线之间，按下功能键。

③ 豆浆做好后，倒出过滤，再加入适量白糖，即可饮用。

功效

　　莴笋和黄瓜都性偏寒、凉，此款豆浆具有良好的清热解毒、消脂减肥之功效。

荷叶绿豆豆浆

原料

荷叶·······················5 克
绿豆·······················50 克
黄豆·······················30 克
白糖·······················适量

做法

① 黄豆、绿豆浸泡 6 ~ 8 小时；荷叶用温水泡开。

② 以上食材倒入豆浆机中，加水至上、下水位线之间，按下功能键。

③ 豆浆做好后，倒出过滤，加适量白糖，即可饮用。

功效

　　荷叶有清热利尿、健脾升阳之效。此款豆浆尤其适合水肿型、便秘型、脂肪过多肉松垮型肥胖者饮用。

燕麦核桃豆浆

原料

燕麦··························20 克
核桃仁·······················50 克
黄豆··························50 克

做法

① 将黄豆浸泡 10 小时；燕麦洗净备用。
② 将黄豆、燕麦、核桃仁放入豆浆机中，加入适量的清水搅拌。
③ 将混合物煮好之后，即可饮用。

功效

此款豆浆具有镇静安神、防治心脑血管疾病的作用。

食材百科之燕麦

燕麦含有丰富的膳食纤维，热量低、升糖指数低，具有促进肠胃蠕动、利于排便、降脂降糖、降低血压、降低胆固醇、预防大肠癌、防治心脏疾病等作用。

苦瓜绿豆豆浆

原料

苦瓜……………………半根

绿豆……………………50 克

白糖……………………适量

做法

① 绿豆浸泡 6～8 小时；大米浸泡 2 小时。

② 以上食材倒入豆浆机中，加水至上、下水位线之间，按下功能键。

③ 豆浆做好后，倒出过滤，再加入适量白糖，即可饮用。

功效

　　此款豆浆性偏寒，祛湿除热效果显著，但不宜长期饮用，尤其是体寒体虚者。

绿豆海带豆浆

原料

绿豆……………………40 克

海带……………………15 克

黄豆……………………50 克

盐………………………适量

做法

① 黄豆、绿豆浸泡 6～8 小时；海带洗净，切碎。

② 以上食材倒入豆浆机中，加水至上、下水位线之间，按下功能键。

③ 豆浆做好后，倒出过滤，加适量盐，即可饮用。

功效

　　此款豆浆不仅可以提高机体对辐射的耐受性，还可以缓解因外界辐射带来的各种不适感。

芝麻燕麦豆浆

原料

黑芝麻……………………20 克

燕麦片……………………40 克

黄豆………………………40 克

白糖………………………适量

做法

① 黄豆放清水中浸泡 6 ~ 8 小时；燕麦片、黑芝麻洗净。

② 以上食材倒入豆浆机中，加水至上、下水位线之间，按下功能键。

③ 豆浆做好后，倒出过滤，加适量白糖，即可饮用。

功效

此款豆浆可起到促进宝宝发育的作用。

食 材 百 科 之 芝 麻

芝麻是我国四大食用油料作物之一，它富含脂肪和蛋白质，以及膳食纤维、维生素等，具有养血嫩肤、调节胆固醇等作用。

豌豆大米绿豆豆浆

原料

豌豆……………………70 克

大米……………………5 克

绿豆……………………15 克

冰糖……………………适量

做法

①将大米淘洗干净；豌豆和绿豆用水浸泡 10 小时备用。

②将大米、豌豆和绿豆放入豆浆机中，加入清水到合适水位，按下相关功能键。

③豆浆做好后先过滤出豆渣，然后加入适量冰糖搅拌后饮用。

功效

此款豆浆能预防动脉硬化和心血管疾病的发生。

荸荠银耳豆浆

原料

荸荠……………………10 克

银耳……………………50 克

黄豆……………………50 克

做法

①将黄豆放在水中浸泡 8 小时；将荸荠洗净、切成小块；银耳用温水泡发。

②将所有的食材一起放入豆浆机中，加适量清水，开机搅拌。

③煮熟后过滤即可饮用。

功效

此款豆浆可以促进骨骼发育，同时还具有美容功效。

PART 3
健康食疗豆浆

豆浆中含有人体所必需的各类营养物质，如蛋白质、磷脂和维生素等，能够为我们提供质优且丰富的营养。除此之外，豆浆还具有辅助治疗多种疾病的作用，经常饮用豆浆能够防治高血压、动脉硬化等心血管疾病，亦可补血益气、滋养身体。

山药青豆黄豆豆浆

原料

山药······················80 克

青豆······················80 克

黄豆······················80 克

做法

❶ 将青豆和黄豆分别在水中浸泡 8 小时；山药洗净去皮，切成小段。

❷ 将上述食材放到豆浆机中，加入适量清水，按下相关功能键。

❸ 滤去豆渣，即可饮用。

功效

常食山药能够预防心脑血管疾病的发生；常食青豆则能降低心脏病和癌症发生的概率。

食材百科之青豆

青豆原产于中国，在北方和长江中下游地区均有种植。青豆中蛋白质和钙的含量丰富，并且含有人体所需要的多种氨基酸，具有润燥、健脾、宽中的作用。青豆还含有不饱和脂肪酸和大豆磷脂，对于防治心血管疾病和脂肪肝有很好的效果。

青豆黑米豆浆

原料

青豆·····················80 克
黑米·····················50 克
冰糖·····················适量

做法

❶ 将青豆和黑米分别在清水中浸泡 12 小时，洗净备用。

❷ 将青豆、黑米及适量清水放入豆浆机中，按下相关功能键。

❸ 豆浆煮好后，滤掉豆渣，加入冰糖即可。

功效

　　黑米具有明目活血的功效；青豆则能增强人体血管的韧性，还能防止脂肪肝形成。两者一起打豆浆饮用，能够改善人体血液环境，增强身体素质。

红枣枸杞豆浆

原料
红枣·····················15 克
枸杞子···················20 克
绿豆·····················20 克

做法
❶ 将绿豆在清水中浸泡 12 小时；红枣去核洗净之后备用。
❷ 把枸杞子洗净，连同绿豆和红枣一起放入豆浆机中，加入适量清水，开机搅拌。
❸ 打好豆浆后，滤掉残渣即可饮用。

功效
　　红枣和枸杞子配合绿豆打成豆浆饮用，能够起到防癌抗癌、降低血脂和胆固醇的效果。

百合绿豆红豆豆浆

原料
百合·····················20 克
绿豆·····················100 克
红豆·····················100 克

做法
❶ 将红豆和绿豆放在清水中浸泡 8～10 小时备用。
❷ 将所有食材倒入豆浆机中，加适量清水，开机搅拌。
❸ 煮好后滤出豆浆，即可饮用。

功效
　　绿豆能减少肠道对胆固醇的吸收，降低人体内的胆固醇含量；红豆含有膳食纤维，可以降低血脂和血压，调节人体血糖水平。

葡萄枸杞豆浆

原料

葡萄························80 克

枸杞子······················20 克

黑芝麻······················30 克

黄豆························80 克

做法

❶ 将黄豆在清水中浸泡 6 小时；枸杞子和葡萄洗干净，葡萄去皮去核。

❷ 把黄豆、枸杞子、葡萄、黑芝麻放入豆浆机中，加入适量清水，按下对应的功能键。

❸ 待豆浆机提示豆浆做好后，即可饮用。

功效

此款豆浆可补血益气、养血护肤。

食材百科之枸杞子

枸杞子是一种名贵的中药材和滋补品，在我国很多地区都有种植。李时珍的《本草纲目》中就有关于枸杞子的记载。枸杞子中含有多种营养成分，有降低血糖、养肝、滋肾、润肺等多重功效，对于肝肾亏损、腰膝酸软、目视不清、身体虚弱等症状有很好的疗效。

葡萄玉米豆浆

原料

葡萄·····················50 克
玉米粒····················50 克
黄豆······················80 克

做法

❶ 黄豆浸泡 6 ~ 8 小时；葡萄洗净去核；玉米粒洗净。

❷ 将上述食材放入豆浆机中，加适量清水，按下功能键打成豆浆。

❸ 煮好后滤出豆浆即可饮用。

功效

黄豆和葡萄中都含有能够减缓皮肤衰老的营养素，并且黄豆具有缓解低落情绪的作用。

食 材 百 科 之 玉 米

玉米又叫玉蜀黍、苞谷、棒子，原产于中美洲，是世界上产量最高的粮食作物之一。玉米中含有大量的脂肪、蛋白质、纤维素和各种矿物质。其中的镁可以加快胃肠的蠕动，促进消化和废物的排出，有很好的减肥效果。

木瓜青豆豆浆

原料

木瓜………………………半个
青豆………………………30 克
黄豆………………………50 克
白糖………………………适量

做法

❶ 黄豆放水中浸泡 6 ~ 8 小时；木瓜洗净，
　去皮，去籽，切成小块；青豆洗净。

❷ 以上食材倒入豆浆机中，加水至上、下水
　位线之间，按下功能键。

❸ 豆浆做好后，倒出过滤，再加入适量白糖，
　即可饮用。

功效

　　此款豆浆能预防胃病，缓解因消化不良带
来的不适，此外还具有美容美颜的功效。

木瓜银耳豆浆

原料

木瓜………………………半个
银耳………………………5 克
黄豆………………………80 克
白糖………………………适量

做法

❶ 黄豆浸泡 6 ~ 8 小时；银耳泡开，撕碎；
　木瓜去皮、去籽，切成小块。

❷ 以上食材倒入豆浆机中，加水至上、下水
　位线之间，按下功能键。

❸ 豆浆做好后，倒出过滤，再加入适量白糖，
　即可饮用。

功效

　　此款豆浆具有滋阴润肺、润肤丰胸的功效，
适宜女性饮用。

枸杞红枣豆浆

原料
枸杞子·····················15 克
红枣·······················20 克
红豆·······················40 克

做法
1. 将红豆在水中浸泡 12 小时；红枣去核后洗净；枸杞子洗净备用。
2. 将上述食材一起放入豆浆机中，加适量清水打成豆浆，煮熟后即可饮用。

功效
红豆能减少动脉硬化的发生；红枣可以帮助人体抵抗衰老；枸杞子则具有降血糖、降血脂等功效。三者一起打成豆浆饮用，能够有效地改善心血管功能。

山楂银耳豆浆

原料
山楂…………………………1 个
银耳…………………………20 克
黄豆…………………………60 克

做法
❶ 黄豆用清水泡软，捞出洗净；山楂洗净，
去核切粒；银耳泡发洗净。
❷ 将上述材料放入豆浆机中，加适量水搅打
成豆浆，煮沸后滤出即可。

功效
此款豆浆具有健脾开胃、消食化积、活血
化痰以及加速脂肪分解的功效。

板栗小米豆浆

原料
板栗…………………………40 克
小米…………………………20 克
黄豆…………………………40 克

做法
❶ 黄豆用清水泡软，捞出洗净；板栗洗净；
小米淘洗干净。
❷ 将上述材料放入豆浆机中，加适量水搅打
成豆浆，煮沸后滤出即可。

功效
此款豆浆能防治高血压、冠心病、动脉硬
化、骨质疏松等疾病，还具有强身壮骨的功效。

小米蒲公英绿豆豆浆

原料

小米……………………50 克
蒲公英叶…………………40 克
绿豆……………………80 克

做法

❶ 将绿豆在水中浸泡 12 小时；将小米淘洗干净；蒲公英叶洗净，切成小段。

❷ 将所有食材放入豆浆机中，加入适量清水，搅打煮熟即可。

功效

　　此款豆浆能清热解毒、滋阴养血，还有防治消化不良的食疗效果。

食材百科之蒲公英

　　蒲公英又叫蒲公草、尿床草等，是一种多年生的草本植物。蒲公英叶里含有蒲公英醇、有机酸、胆碱、蛋白质、脂肪、维生素和微量元素等，有利尿利胆、清热解毒、消肿散结等作用，对于呼吸道感染、胃炎、痢疾、咽炎等疾病有较好的疗效。

大米薄荷绿豆豆浆

原料

大米·····························50 克
薄荷·····························5 克
绿豆·····························80 克

做法

❶ 把绿豆洗净，放在清水中浸泡 12 小时备用。

❷ 把薄荷洗净，与绿豆、大米一起放入豆浆机中。

❸ 加入适量清水，搅打煮熟即可。

功效

　　此款豆浆能够清热解毒、抗菌消炎，经常饮用可以有效减少肠胃疾病的发生。

银耳莲子绿豆豆浆

原料

银耳·····························30 克
莲子·····························25 克
绿豆·····························50 克
百合·····························25 克

做法

❶ 将绿豆、莲子、百合和银耳泡发洗净。

❷ 将莲子剥开，去掉里面的黑色杂质。

❸ 将食材放入豆浆机中，加入适量清水，搅打煮熟即可。

功效

　　此款豆浆具有清热去火、静心安神的功效。

生菜绿豆豆浆

原料
生菜……………………10 克
绿豆……………………10 克
蜂蜜……………………适量

做法
❶ 将绿豆用清水泡好;将生菜洗净、切开,放入豆浆机内。

❷ 加入绿豆,选择对应功能键,开机搅拌煮熟。

❸ 滤出残渣,根据自己口味添加适量蜂蜜即可饮用。

功效
　　此款豆浆清凉解渴,夏季饮用能有效安抚暑气带来的烦躁情绪。

食材百科之生菜

　　生菜口感脆嫩,含有一股清香。这种蔬菜原产于欧洲东海岸,后来传到我国,现在已经成为人们餐桌上的一种常见蔬菜。生菜含有丰富的膳食纤维和维生素 C,常食生菜,有消除身体多余脂肪、减肥美体的作用。

核桃豆浆

原料

核桃仁······················30 克
黄豆··························70 克
白糖··························适量

做法

❶ 黄豆浸泡 6 ~ 8 小时；核桃仁用温水泡开。

❷ 以上食材倒入豆浆机中，加水至上、下水位线之间，按下功能键。

❸ 豆浆做好后，倒出过滤，再加入适量白糖，即可饮用。

功效

　　此款豆浆具有补脑健脑、益智强精的功效，经常饮用可起到延缓衰老、乌发活血、美容养颜的作用。

花生豆浆

原料

花生仁······················50 克
黄豆··························50 克
白糖··························适量

做法

❶ 黄豆浸泡 6 ~ 8 小时；花生仁洗净，用温水泡开。

❷ 以上食材倒入豆浆机中，加水至上、下水位线之间，按下功能键。

❸ 豆浆做好后，倒出过滤，再加入适量白糖，即可饮用。

功效

　　此款豆浆不仅含有丰富的蛋白质，而且其中的不饱和脂肪酸还具有降脂的功效，经常饮用能起到预防脂肪肝的作用。

绿豆百合菊花豆浆

原料

绿豆·····················80 克
百合·····················40 克
菊花·····················40 克

做法

❶ 将绿豆、菊花和百合用水泡好，取出菊花，摘取花瓣备用。

❷ 将绿豆、百合、菊花瓣倒入豆浆机中，倒入适量浸泡过菊花的水，按下功能键。

❸ 豆浆机停止后，倒出豆浆，滤掉豆渣即可饮用。

功效

此款豆浆有利于缓解视觉疲劳，对恢复视力有一定的帮助。

柠檬苹果豆浆

原料

柠檬·····················5 克
苹果·····················10 克
黄豆·····················50 克
冰糖·····················适量

做法

❶ 黄豆浸泡 8 小时；苹果去皮，切块，和泡好的黄豆一起放入豆浆机内；柠檬切片。

❸ 加适量水，选择相关功能键，开机搅拌煮好后，将切好的柠檬放入豆浆内，再加入适量冰糖，即可饮用。

功效

此款豆浆酸甜可口，还有美白润肤的作用。

食材百科之黄豆

黄豆有"豆中之王"的美誉，是因为黄豆中的蛋白质含量居豆类之冠，达到 40%，且黄豆中含有的酶对糖尿病有显著的食疗功效。此外，黄豆中的亚油酸有助于孩子的神经发育。

芝麻豆浆

原料
黑芝麻……………………30 克
黄豆………………………70 克
白糖………………………适量

做法
❶ 黄豆浸泡 6 ~ 8 小时；黑芝麻洗净，控干。
❷ 以上食材倒入豆浆机中，加水至上、下水位线之间，按下功能键。
❸ 豆浆做好后，倒出过滤，再加入适量白糖，即可饮用。

功效
　　黑芝麻和黄豆都具有补虚劳的功效，二者同做豆浆，适宜病后、产后、过劳等导致的体虚者饮用。

绿茶米香豆浆

原料
绿茶………………………10 克
大米………………………40 克
黄豆………………………50 克
白糖………………………适量

做法
❶ 黄豆洗净，浸泡 6 ~ 8 小时；大米洗净，浸泡 2 小时；绿茶用温水泡开。
❷ 将以上食材全部倒入豆浆机中，加水至上、下水位线之间，按下功能键。
❸ 待豆浆机提示豆浆做好后，倒出过滤，加入适量白糖，即可饮用。

功效
　　绿茶具有清热去火、提神醒脑、消除疲劳的功效，配合大米、黄豆打成豆浆，尤其适宜夏季饮用。

大米山楂豆浆

原料

大米·····················50 克
山楂·····················10 克
黄豆·····················80 克

做法

❶ 将黄豆在清水中浸泡 12 小时；将山楂洗净，去核；将大米淘洗干净。

❷ 将所有食材放入豆浆机中，加入适量清水，按下功能键煮熟即可。

功效

山楂有开胃消食、化滞消积、活血化淤、化痰行气之效；大米可以补充人体缺少的微量元素，有助于提升人体免疫力，恢复身体健康。

食材百科之大米

大米是中国人的主要粮食，也是所有主食中含 B 族维生素最多的食物之一，具有很强的滋补作用，老人、孩子都适合用大米熬粥补充营养。保存大米时，应该将其放入密封性良好的容器内，再置于干燥阴凉处。

红豆紫米豆浆

原料

红豆·······················80 克
紫米·······················80 克

做法

❶ 将紫米、红豆洗净，分别在水中浸泡 8 小时。

❷ 将泡好的紫米和红豆放入豆浆机中，加入适量清水，按下功能键。

❸ 搅打完成煮熟后，即可饮用。

功效

　　此款豆浆具有润肠通便、降低人体胆固醇含量以及预防动脉硬化的功效。

红枣豆浆

原料

红枣·····················3 颗
黄豆·····················70 克

做法

❶ 黄豆放入清水中浸泡至发软，捞出洗净；红枣去核洗净备用。

❷ 将黄豆、红枣放入豆浆机中，加适量清水搅打成豆浆，并煮熟。

❸ 滤出豆浆，即可饮用。

功效

　　此款豆浆具有改善气虚血弱的功效，非常适合贫血患者及女性饮用。

小麦豆浆

原料

小麦·····················25 克
红豆·····················40 克

做法

❶ 红豆泡软，捞出洗净；小麦淘洗干净，用清水浸泡 2 小时。

❷ 将红豆、小麦放入豆浆机中，加适量水搅打成豆浆。

❸ 煮沸后滤出豆浆，即可饮用。

功效

　　小麦营养丰富，与红豆同做豆浆饮用，可以起到改善心血不足的作用。

百合薏苡仁豆浆

原料

百合·························10 克
薏苡仁·······················30 克
黄豆·························60 克

做法

① 将黄豆、百合和薏苡仁泡发洗净。

② 将黄豆和百合、薏苡仁连同适量清水一起
倒入豆浆机中，按下功能键搅打。

③ 搅打完成后，滤去豆渣即可饮用。

功效

此款豆浆具有清热解毒、润肺止咳、强健
脾胃、促进人体新陈代谢的作用。

食材百科之薏苡仁

薏苡仁在欧洲被赞誉为"生命健康之友"，
中医常用薏苡仁入药，能够抗癌解热，具有镇
静镇痛、美容护肤的功效。女性常食薏苡仁，
能够保持肌肤的光滑细腻，其对痤疮、皲裂等
还有一定的治疗效果。

小米猕猴桃绿豆豆浆

原料

小米⋯⋯⋯⋯⋯⋯⋯30 克

猕猴桃⋯⋯⋯⋯⋯⋯50 克

绿豆⋯⋯⋯⋯⋯⋯⋯50 克

功效

小米具有防治消化不良的作用，还能祛斑美白；猕猴桃则具有降低血压、血脂，保护心脏，祛斑防癌等功效。

做法

❶ 将绿豆在水中浸泡 12 小时；将猕猴桃洗净去皮，切成小块。

❷ 将小米淘净后，和绿豆、猕猴桃一起放到豆浆机中搅打，煮成豆浆即可。

山药苦瓜豆浆

原料
山药……………………40 克
苦瓜……………………30 克
黄豆……………………80 克

做法
❶ 黄豆泡发；山药洗净，去皮，切成小块；
　苦瓜洗净，切成小段。
❷ 把所有食材放入豆浆机中，加入适量清水，
　按下功能键搅拌煮熟。
❸ 豆浆机停止后，滤去豆渣即可饮用。

功效
　　此款豆浆能提高人体免疫力，促进消化，
预防骨质疏松。

荸荠百合大米豆浆

原料
荸荠……………………40 克
百合……………………30 克
大米……………………50 克
黄豆……………………50 克

做法
❶ 将黄豆在清水中浸泡 12 小时；百合浸泡 4
　小时。
❷ 把荸荠洗净，去皮，切成小块；大米淘洗
　干净。
❸ 将所有食材都放进豆浆机中，加入适量清
　水，搅打煮熟即可。

功效
　　此款豆浆能够滋润肺部，体虚者常饮用可
以强健体魄。

银耳木瓜豆浆

原料

银耳·····························30 克

木瓜·····························20 克

黄豆·····························60 克

做法

❶ 将黄豆在水中浸泡 12 小时；木瓜去皮切块，去籽；银耳在温水中浸泡 20 分钟，泡发后去蒂，洗净，撕成小片。

❷ 将所有食材放入豆浆机中，加入适量清水，按下功能键，搅打煮熟即可。

功效

　　此款豆浆可以有效提高人体的抗病能力，加强肿瘤患者对化疗和放疗的耐受力。

食 材 百 科 之 银 耳

　　银耳的营养价值和药用价值都很高，它含有脂肪、蛋白质、硫、磷、镁、钙、钾、钠等多种营养成分。银耳多糖是银耳的主要活性成分之一，对治疗老年慢性支气管炎、肺源性心脏病有显著疗效。

芹菜番石榴豆浆

原料

芹菜……………………………30 克
番石榴…………………………10 克
黄豆……………………………60 克

做法

❶ 将黄豆泡发；番石榴洗净，去皮，切成小块；
芹菜洗净，去掉叶子和根部，切成小块。

❷ 把黄豆、番石榴块、芹菜块放入豆浆机中，
加入适量清水，搅打煮熟即可。

功效

此款豆浆具有补血益气、促进儿童生长发
育的功效。

食材百科之番石榴

番石榴是亚热带非常著名的水果，也叫作
芭乐。在中国，广东省和福建省是这种水果的
主要产地。番石榴清脆香甜，女性常将其当作
"减肥果"，其营养成分也很丰富。

莴笋核桃豆浆

原料

莴笋⋯⋯⋯⋯⋯⋯⋯⋯⋯⋯30 克

核桃仁⋯⋯⋯⋯⋯⋯⋯⋯⋯15 克

黄豆⋯⋯⋯⋯⋯⋯⋯⋯⋯⋯50 克

白糖⋯⋯⋯⋯⋯⋯⋯⋯⋯⋯适量

做法

❶ 黄豆浸泡 6 ~ 8 小时；核桃仁用温水泡开；
莴笋洗净，去皮，切为小块。

❷ 以上食材倒入豆浆机中，加水至上、下水
位线之间，按下功能键。

❸ 豆浆做好后，倒出过滤，加入适量白糖调
味即可。

功效

此款豆浆除能止咳外，还具有利尿通乳、
宽肠通便的功效。

食材百科之莴笋

莴笋含有丰富的钙、磷等，可以促进骨骼
发育，预防佝偻病。此外，莴笋对心脏病、肾
脏病、神经衰弱及高血压等病症也有一定的辅
助治疗作用。

薏苡仁荞麦红豆豆浆

原料

薏苡仁·······················25 克

荞麦·······················25 克

红豆·······················50 克

功效

　　此款豆浆具有降低血液中胆固醇的含量的作用，非常适合糖尿病患者饮用。

做法

❶ 红豆、薏苡仁用清水浸泡 3 小时，捞出洗净；荞麦淘洗干净。

❷ 将上述材料放入豆浆机中，加适量清水搅打成豆浆，并煮沸。

❸ 滤出豆浆，即可饮用。

冬瓜萝卜豆浆

原料
冬瓜·····························30 克
白萝卜·························30 克
黄豆·····························50 克
白糖·····························适量

做法
❶ 黄豆浸泡 6 ~ 8 小时；冬瓜、白萝卜去皮，
切成小块。
❷ 以上食材倒入豆浆机中，加水至上、下水
位线之间，按下功能键。
❸ 豆浆做好后，倒出过滤，再加入适量白糖，
即可饮用。

功效
　　冬瓜具有利水、减肥的功效，白萝卜、黄
豆则具有清热解毒的功效。

薄荷绿豆豆浆

原料
薄荷·····························15 克
绿豆·····························30 克
黄豆·····························50 克
白糖·····························适量

做法
❶ 黄豆、绿豆浸泡 6 ~ 8 小时；薄荷用温水
泡开。
❷ 以上食材倒入豆浆机中，加水至上、下水
位线之间，按下功能键。
❸ 豆浆做好后，倒出过滤，再加入适量白糖，
即可饮用。

功效
　　此款豆浆具有醒脑消暑、疏散风热的功效，
但晚上不宜饮用过多，以免影响睡眠。

黄瓜山楂豆浆

原料

黄瓜·····························20 克
山楂·····························10 克
黄豆·····························50 克

做法

❶ 将黄豆在水中浸泡 12 小时；黄瓜洗净去皮，
  切成小块；山楂洗净去籽，切成小块备用。

❷ 将所有食材倒入豆浆机中，加入适量清水，
  搅打煮熟即可。

功效

　　此款豆浆能够清除体内的自由基，增强人
体的免疫力，延缓衰老。

食材百科之黄瓜

　　多食黄瓜能带来饱腹感，其清热解毒的功
效还能帮助排出身体内多余的油脂和毒素。用
黄瓜捣成蔬果汁涂抹皮肤，还有润肤抗皱的功
效。黄瓜同时也是减肥人群的首选食物。

南瓜花生豆浆

原料
南瓜·······················30 克
花生仁·····················20 克
黄豆·······················50 克
白糖·······················适量

做法
❶ 黄豆浸泡 6 ~ 8 小时；花生仁用温水泡开；南瓜去皮，去瓤，切块。

❷ 以上食材倒入豆浆机中，加水至上、下水位线之间，按下功能键。

❸ 豆浆做好后，倒出过滤，再加入适量白糖，即可饮用。

功效
南瓜含有丰富的胡萝卜素，可起到缓解眼部疲劳的作用；花生仁、黄豆等都具有滋润皮肤的作用。

食材百科之花生

花生含有蛋白质、脂肪、糖类、维生素、矿物质、磷、铁、维生素 B_1、维生素 B_2、烟酸等营养物质，有促进人的脑细胞发育、增强记忆力的作用。

干果豆浆

原料

核桃仁·······················50 克
腰果·························50 克
芝麻·························25 克
黄豆·························50 克

做法

❶ 将核桃仁放在温水中浸泡，去掉表皮；将腰果洗净放到清水中浸泡 5 小时；黄豆提前一夜泡好。

❷ 把核桃仁、黄豆、芝麻和腰果一起放入豆浆机中，打成豆浆煮熟即可。

功效

　　腰果和核桃仁都具有防治心脑血管疾病的作用，两者一起打成豆浆饮用，可防治动脉硬化、降低胆固醇。

桂圆红枣红豆豆浆

原料

桂圆·························50 克
红枣·························80 克
红豆·························100 克

做法

❶ 将红豆在清水中浸泡 12 小时；红枣和桂圆洗净之后，去核备用。

❷ 把所有食材倒入豆浆机中，加入适量清水，按下相关功能键。

❸ 待搅打完成后，切断电源等待 15 分钟，滤去豆渣即可饮用。

功效

　　桂圆健脑养心，能缓解体虚的状况；红枣能补血养血，养颜润肤；红豆补脾益胃，还能调节人体血糖水平。

PART 4

美味蔬果豆浆

在日常生活中，我们都离不开水果和蔬菜，它们酸甜可口，营养丰富，为我们的身体提供必需的能量和营养物质。可是，你有想过吗？把这些美味的果蔬加入豆浆中，那将是一种怎样奇妙的滋味呢？现在，我们就一起走进美味蔬果豆浆的世界吧！

西芹豆浆

原料

西芹·····························25 克

黄豆·····························50 克

冰糖·····························适量

做法

❶ 将黄豆浸泡 8 小时；西芹洗净、切碎备用。

❷ 将所有的食材一起放入豆浆机内，加适量清水，开机搅拌。

❸ 煮好后滤去残渣，根据自己的口味添加适量冰糖即可饮用。

功效

西芹的含铁量较高，可以辅助治疗血管硬化以及神经衰弱等疾病。

食材百科之西芹

西芹是从欧洲引进来的蔬菜品种，含有丰富的碳水化合物、蛋白质、维生素和多种矿物质，具有健胃、镇静、降压等多种功效。另外，西芹中含有大量的钙质，对人体骨骼有很好的保健作用。

生菜豆浆

原料

生菜·····················30 克
黄豆·····················60 克

做法

❶ 将黄豆在水中浸泡 8 小时。

❷ 生菜洗净，手撕成片。

❸ 将所有的食材一起放入豆浆机内，加适量清水，开机搅拌，煮熟后过滤即可饮用。

功效

　　生菜中含有丰富的膳食纤维和维生素，可以消除多余脂肪，有助于瘦身减肥，同时生菜还可镇痛、催眠，能够有效缓解神经衰弱，稳定情绪。

莲藕花生豆浆

原料

莲藕·····················80 克
花生仁···················20 克
黄豆·····················60 克

做法

❶ 将黄豆在水中浸泡 8 小时。

❷ 莲藕洗净，去皮，切成小块；花生仁用水洗净。

❸ 将所有的食材一起放入豆浆机中，加适量清水，开机搅拌，煮熟后过滤即可饮用。

功效

　　莲藕具有补脾、止血等功效，其营养价值很高，能够有效治疗缺铁性贫血；花生也具有滋补气血、养血通乳的作用，再加上黄豆的营养，让此款豆浆养血、美容的功效更显著。

黄瓜豆浆

原料

黄瓜······20 克
黄豆······80 克

做法

1. 将黄豆在水中浸泡 8 小时。
2. 黄瓜洗净，切成小块。
3. 将所有的食材一起放入豆浆机内，加适量清水，开机搅拌，煮熟后滤去残渣即可饮用。

功效

用黄瓜做成的豆浆，颜色清淡，口感清新，还有促进消化、延缓衰老的功效。

食材百科之黄瓜

黄瓜含水量大，并含有丰富的维生素 C、胡萝卜素，以及少量糖类、蛋白质、钙、磷、铁等人体必需营养元素。黄瓜还含有人体生长发育和生命活动所必需的氨基酸，可有效对抗皮肤老化，减少皱纹的产生。

玉米豆浆

原料

玉米粒·····························100 克
黄豆·······························50 克

做法

❶ 将黄豆浸泡 8 小时；玉米粒洗净。
❷ 将黄豆、玉米粒一起放入豆浆机内。
❸ 加水至上、下水位线之间，开机搅拌，煮熟后滤去残渣即可饮用。

功效

　　玉米中含有丰富的蛋氨酸；黄豆中含有大量的赖氨酸和色氨酸。二者一起做成豆浆，既美味可口，又能相互补充营养元素。

桂圆豆浆

原料

桂圆·····························30 克
黄豆·······························50 克

做法

❶ 将黄豆在水中浸泡 8 小时。
❷ 桂圆去核取肉、洗净。
❸ 将所有的食材一起放入豆浆机内，加适量清水，开机搅拌，煮熟后滤去残渣即可饮用。

功效

　　桂圆壮阳、益气、补脾，再加上黄豆的营养，使此款豆浆兼具润肤的功效。此款豆浆营养既丰富又全面，而且味道清甜。

桂圆枸杞豆浆

原料

桂圆·····················30 克

枸杞子·····················10 克

黄豆·····················50 克

做法

❶ 将黄豆在水中浸泡 8 小时。

❷ 桂圆去核取肉；枸杞子洗净，温水浸泡至软。

❸ 将所有的食材一起放入豆浆机内，加入适量清水，开机搅拌，煮熟后滤去残渣即可饮用。

功效

桂圆壮阳、益气、补脾；枸杞子明目、养肝，两者都具有补血安神的作用。

食 材 百 科 之 桂 圆

桂圆味道甘甜，性味稍热，其泻火解毒的药用疗效是大众熟知的。另外，很少有人知道的是，常食桂圆还有开胃、促进食欲的作用。失眠较严重的体质虚弱者也可通过食用桂圆来缓解不适。

雪梨豆浆

原料

雪梨·······················20 克
黄豆·······················50 克
冰糖·······················适量

做法

① 将黄豆在水中浸泡约 8 小时；将雪梨清洗干净，去皮，切成小块。

② 将所有食材一起放入豆浆机内，加适量清水，开机搅拌。

③ 煮好后滤去残渣，可根据自己的口味加入适量冰糖调味，即可饮用。

功效

此款用雪梨做成的豆浆，酸甜可口，味道独特，有润肺清心、消痰止咳的显著效果。

食材百科之雪梨

雪梨原产于中国，后来流传到亚洲其他地区及世界各地。雪梨含有大量的蛋白质、苹果酸、胡萝卜素以及钙、磷等矿物质和微量元素等，有润肺、解毒等功效。梨树全身是宝，梨根、梨皮、梨叶、梨花都可入药。

胡萝卜枸杞豆浆

原料

胡萝卜·······················30 克
枸杞子·······················10 克
黄豆·························50 克
白糖·························适量

做法

❶ 将黄豆浸泡 6 小时；枸杞子用温水泡开；
　胡萝卜洗净，切成小块。

❷ 以上食材倒入豆浆机中，加水至上、下水
　位线之间，按下功能键。

❸ 豆浆做好后，倒出过滤，再加入适量白糖，
　即可饮用。

功效

　胡萝卜、枸杞子皆是明目佳品，此款豆浆
不仅可起到明亮眼睛的功效，同时对肝肾也有
一定的养护作用。

火龙果豌豆豆浆

原料

火龙果·······················半个
豌豆·························20 克
香蕉·························1 根
黄豆·························50 克
白糖·························适量

做法

❶ 将黄豆浸泡 6 ~ 8 小时；豌豆洗净；香蕉、
　火龙果去皮，切块。

❷ 以上食材倒入豆浆机中，加水至上、下水
　位线之间，按下功能键。

❸ 豆浆做好后，加入适量白糖调味，即可饮用。

功效

　此款豆浆具有清热润肠及促进肠胃蠕动的
作用。

玉米菜花豆浆

原料

玉米粒⋯⋯⋯⋯⋯⋯⋯50 克
菜花⋯⋯⋯⋯⋯⋯⋯⋯70 克
黄豆⋯⋯⋯⋯⋯⋯⋯⋯50 克

做法

❶ 将黄豆在水中浸泡 8 小时。

❷ 玉米粒洗净；菜花洗净，切成小块备用。

❸ 将所有食材一起放入豆浆机中，加适量清水，开机搅拌，煮熟后滤去残渣即可饮用。

功效

菜花中含有可预防癌症的微量元素，可以有效预防乳腺癌、直肠癌及胃癌等；玉米中也含有抗癌物质，同时也可养肝利胆。

山药糯米豆浆

原料

山药·····························60 克
糯米·····························25 克
黄豆·····························50 克

做法

❶ 先将黄豆浸泡 8 小时左右;将山药洗净、去皮,切成小块。

❷ 将黄豆、糯米洗净,和山药一起放入豆浆机内,加适量清水开机搅拌,煮熟后即可饮用。

功效

此款豆浆不仅是很好的御寒饮品,同时还能够健脾养胃。

食材百科之糯米

糯米又叫作江米,形状和粳米很相似,是稻米中黏性最强的。糯米中含有丰富的蛋白质、脂肪、糖类、钙、磷、铁等营养元素,是温补的食品,具有补中益气、健脾养胃和止虚汗等功效。糯米做法很多,可以用来煮粥,还经常被做成粽子、汤圆、八宝粥等甜品。

银杏豆浆

原料

银杏···················10 克

黄豆···················80 克

白糖···················适量

做法

❶ 黄豆浸泡 6 ~ 8 小时；银杏取肉，用温水泡开。

❷ 将以上食材倒入豆浆机中，加水至上、下水位线之间，按下功能键。

❸ 豆浆做好后，倒出过滤，再加入适量白糖，即可饮用。

功效

此款豆浆对肺燥引起的干咳有较好的辅助治疗作用。

食材百科之银杏

银杏富含淀粉、蛋白质、脂肪、糖类、维生素 C、维生素 B_2、胡萝卜素、钙、磷、铁、钾、镁及银杏酸、银杏酚、五碳多糖等成分，对咳喘、带下、白浊等疾病有良好的食疗作用。

糙米山楂豆浆

原料

糙米·····························70 克
山楂·····························25 克
黄豆·····························50 克

做法

1. 将黄豆浸泡 8 小时；将糙米洗净，山楂去核洗净，分别放在水里浸泡 2 小时。
2. 将泡好的黄豆、山楂与糙米一起放入豆浆机内，加入适量清水。
3. 选择相关功能键，开机搅拌，煮熟滤去残渣即可。

功效

此款豆浆有开胃消食、清肠排便的功效。

食材百科之糙米

糙米是指稻谷去壳之后的谷粒，还保留着一些外皮组织。谷粒的外皮组织中含有丰富的营养，和白米相比，其维生素、矿物质和植物纤维含量更丰富。虽然糙米的蛋白质含量不高，但是质量较优，且其中氨基酸的成分较好。

莲藕雪梨豆浆

原料

莲藕……………………30 克
雪梨……………………1 个
黄豆……………………50 克
白糖……………………适量

做法

1. 黄豆浸泡 6 ~ 8 小时；莲藕去皮，切块；雪梨去皮，去核，切块。
2. 以上食材倒入豆浆机中，加水至上、下水位线之间，按下功能键。
3. 豆浆煮熟做好后，滤去残渣，加适量白糖即可饮用。

功效

此款豆浆具有养血止血、乌发明目、延缓衰老、养阴清热的功效。

食材百科之莲藕

莲藕的维生素 C 含量很高，还含有多酚类化合物、过氧化物酶，这些物质可以清除人体内的"垃圾"。此外，莲藕还含有丰富的铁和膳食纤维等，可以预防贫血、消暑清热。

南瓜红豆豆浆

原料

南瓜…………………………30 克
红豆…………………………50 克

做法

❶ 将红豆提前 5 小时浸泡好；将南瓜去皮，
   洗净，切成小块。
❷ 将红豆、南瓜一起放入豆浆机内。
❸ 加适量水，开机搅拌，煮熟后即可饮用。

功效

　　南瓜能够清除体内的毒素，降低血糖，有
效预防糖尿病；红豆健胃，可以清热解毒。此
款豆浆口感独特，甜而不腻，香而不浓。

西红柿燕麦豆浆

原料

西红柿…………………………20 克
燕麦…………………………10 克
黄豆…………………………50 克

做法

❶ 将黄豆提前 8 小时浸泡好；将燕麦洗净，
   放入豆浆机内。
❷ 将西红柿洗净、去皮，切成小块，和湿黄
   豆一起放入豆浆机内，添水至上、下水位
   线之间。
❸ 按相关功能键，开机搅拌，煮熟后即可饮用。

功效

　　燕麦可以帮助消化，西红柿同样也有利消
化。用燕麦和西红柿做成豆浆饮用，能够有效
调节肠胃，发挥健胃消食的功效，还可以有效
预防便秘。

玫瑰黄瓜燕麦豆浆

原料

玫瑰花·····················10 克

黄瓜······················30 克

燕麦······················10 克

黄豆······················50 克

做法

❶ 将黄豆提前 8 小时浸泡；将黄瓜洗净之后切成小块备用；玫瑰花取下花瓣；燕麦淘洗干净。

❷ 将所有的食材一起放入豆浆机内，加适量清水，开机搅拌煮熟后，即可饮用。

功效

　　玫瑰花美容养颜、通经活络，能够缓解女性生理期痛经的问题；黄瓜能够延缓衰老；燕麦含有丰富的膳食纤维，可以帮助消化。

　　燕麦在世界各地都有种植，在中国种植的历史也很悠久。燕麦中蛋白质、脂肪、维生素以及矿物质的含量，均在粮食作物中名列前茅，被美国《时代》杂志评为"世界十大健康食品"之一。另外，燕麦中还含有类似人参的营养成分，氨基酸的含量也很高。

荷叶莲子豆浆

原料

荷叶·····················5 克
莲子····················10 克
黄豆····················50 克

做法

❶ 将黄豆提前 8 小时浸泡；将莲子去心洗净，提前 1 小时浸泡；将荷叶洗净、撕成小块。

❷ 将所有的食材一起放入豆浆机内，加适量清水开机搅拌，煮熟后滤去残渣，即可饮用。

功效

　　荷叶、莲子清热解毒，能够消除五脏内的火气，能够清心除烦，让人情绪平静，还具有健脾、止泻等功能。用荷叶、莲子做成的豆浆，香气怡人，清爽甘甜。

大米竹叶豆浆

原料

大米····················20 克
竹叶·····················4 克
黄豆····················50 克

做法

❶ 先将黄豆浸泡 8 小时左右；再将大米和湿黄豆放入豆浆机内。

❷ 加水至上、下水位线之间，按下功能键，开机搅拌。

❸ 豆浆做好后，冲泡竹叶即可饮用。

功效

　　黄豆和大米两者搭配，可以发挥蛋白质的互补作用，提高营养价值，再加上少许竹叶，此款豆浆不仅味道清新，还可以清热除烦。

猕猴桃雪梨豆浆

原料

猕猴桃……………………30 克
雪梨………………………30 克
黄豆………………………50 克
白糖…………………………适量

做法

❶ 将黄豆浸泡 8 小时；雪梨洗净，削皮，切成小块，放入豆浆机内。

❷ 将猕猴桃洗净，去皮，切成块，也放入豆浆机内。

❸ 加适量清水，开机搅拌，煮熟后加适量白糖即可。

功效

　　猕猴桃富含维生素 C，有清热、止渴、健胃等功效；雪梨润肺清心、消痰止咳。猕猴桃的微酸、雪梨的清甜，再加上黄豆的芳香醇美，搭配起来绝对是一杯绝妙的饮品。

西芹薏苡仁豆浆

原料

西芹·····················20克
薏苡仁·····················20克
黄豆·····················50克
白糖·····················适量

做法

❶ 将黄豆浸泡6小时；薏苡仁浸泡4小时；西芹洗净切碎。

❷ 以上食材倒入豆浆机中，加水至上、下水位线之间，按下功能键。

❸ 豆浆做好后，倒出过滤，再加入适量白糖，滤去残渣即可饮用。

功效

　　此款豆浆除了具有美白淡斑的功效，对水肿、肥胖、高血压也有一定辅助治疗作用。

百合莲藕绿豆豆浆

原料

百合·····················20克
莲藕·····················30克
绿豆·····················50克
白糖·····················适量

做法

❶ 绿豆浸泡6~8小时；百合泡开；莲藕去皮，切成小块。

❷ 以上食材倒入豆浆机中，加水至上、下水位线之间，按下功能键。

❸ 豆浆做好后，倒出过滤，再加入适量白糖，即可饮用。

功效

　　此款豆浆具有清心润肺、解毒去热、滋阴生血的功效，适宜常吸烟者饮用。

小米枸杞豆浆

原料

小米······················20 克

枸杞子·····················10 克

黄豆······················50 克

做法

❶ 将黄豆提前 8 小时浸泡好。

❷ 将枸杞子、小米洗净，和黄豆一起放入豆浆机内。

❸ 加适量清水，选择相关功能键，开机搅拌，煮熟后即可饮用。

功效

　　枸杞子具有极高的药用价值和营养价值，可以养肝明目、健脑补肾、美白养颜。

食材百科之小米

　　小米是谷子去壳后的产物，原产于中国北方的黄河流域。小米中除含有稻、麦中的营养物质外，还含有胡萝卜素，有益肾、祛热、解毒的功效。对于脾胃虚热、泄泻、呕吐等病症有很好的疗效。在北方，有些妇女坐月子时常用小米滋补身体。

红枣芹菜豆浆

原料

红枣……………………10 克
芹菜叶…………………20 克
黄豆……………………50 克

做法

❶ 将芹菜叶洗净、切好；将红枣去核洗净，切成小片。

❷ 将所有食材放入豆浆机内。

❸ 加适量清水，选择功能键，开机搅拌，煮熟后即可饮用。

功效

　　红枣具有益气、补血、健脾、安神等功效；芹菜叶中则含有丰富的维生素 C，能够增加皮肤的光泽。此款豆浆口感润滑香甜，营养丰富。

酸奶水果豆浆

原料

酸奶……………………150 毫升
猕猴桃…………………1 个
苹果……………………1 个
黄豆……………………50 克
白糖……………………适量

做法

❶ 将黄豆提前 8 小时浸泡好；苹果洗净、削皮去核切块；猕猴桃去皮，切块。

❷ 将以上食材和酸奶倒入豆浆机中，加水至上、下水位线之间。

❸ 按下功能键，开机搅拌，煮熟后，加入白糖调味即可饮用。

功效

　　酸奶有保护胃黏膜免受酒精刺激的作用；猕猴桃和苹果具有醒酒的功效。此款豆浆尤其适宜经常饮酒应酬者饮用。

山楂绿豆豆浆

原料

山楂·························20 克
绿豆·························80 克
白糖·························适量

做法

① 绿豆浸泡 6 小时；山楂用温水泡开，去核。
② 以上食材倒入豆浆机中，加水至上、下水位线之间，按下功能键。
③ 豆浆做好后，倒出过滤，再加入适量白糖，即可饮用。

功效

　　山楂味酸、甜，有刺激胃液分泌的作用。此款豆浆能开胃健脾、清热凉血。

食材百科之山楂

　　山楂具有降血脂、降血压、强心、抗心律不齐、健脾开胃、消食化滞、活血化痰、防癌抗癌等作用，对胸膈痞满、疝气、血淤、闭经等症也有较好的疗效。

山药莲子豆浆

原料
山药·····················25 克
莲子·····················20 克
黄豆·····················50 克

做法
❶ 将黄豆提前 8 小时浸泡好。
❷ 山药去皮，洗净、切块；莲子去心、泡软。
❸ 将所有的食材一起放入豆浆机内，加适量
　 水搅拌，煮熟后即可饮用。

功效
　　莲子中含有棉籽糖，可有效改善人体消化
功能；山药润肺止咳，清心安神，加上黄豆的
滋补食效，使得此款豆浆营养更丰富、全面。

芦笋绿豆豆浆

原料

芦笋⋯⋯⋯⋯⋯⋯⋯⋯⋯⋯⋯100 克
绿豆⋯⋯⋯⋯⋯⋯⋯⋯⋯⋯⋯50 克

做法

❶ 将芦笋洗净，焯水，沥干切成小丁；绿豆加水泡至发软，洗净。

❷ 将芦笋、绿豆放入豆浆机中，加适量水搅打成豆浆，煮沸后滤出豆浆即可。

功效

　　此款豆浆具有调节机体代谢、提高身体免疫力，以及防治高血压、心脏病、水肿、膀胱炎等病症的作用。

黄瓜雪梨豆浆

原料

黄瓜⋯⋯⋯⋯⋯⋯⋯⋯⋯⋯10 克
雪梨⋯⋯⋯⋯⋯⋯⋯⋯⋯⋯1 个
黄豆⋯⋯⋯⋯⋯⋯⋯⋯⋯⋯100 克

做法

❶ 黄豆加水泡至发软，捞出洗净；黄瓜去皮后切成小丁；雪梨洗净，去皮去核切丁。

❷ 将上述材料放入豆浆机中，加适量水搅打成豆浆，煮沸后将豆浆滤出即可。

功效

　　此款豆浆可以补充钙质并强健骨骼，有预防骨质疏松的作用，还提供了人体能量消耗所需的碳水化合物及脂肪酸。

核桃花生豆浆

原料

核桃仁·····················20 克
花生仁·····················30 克
黄豆·······················50 克

做法

❶ 将黄豆提前 8 小时放在水中浸泡；把核桃仁碾碎；花生仁洗净。

❷ 将所有的食材一起放入豆浆机内，加适量水，开机搅拌，煮熟后即可饮用。

功效

　　核桃健脑益智，常食有益智力发育，它还具有补气、养血、润肤、乌发等功效；花生有补脑功效，可帮助提高智力，还能延缓衰老。

食材百科之核桃

　　核桃的形状像人的大脑，是传统的健脑食品。核桃中的脂肪和蛋白是对大脑有益的营养物质，特别是其中的磷脂，对脑神经有很好的保健作用。核桃的铬也有促进葡萄糖利用、胆固醇代谢和保护心血管的功能。

榛子草莓豆浆

原料

榛子仁…………………………15 克

草莓……………………………30 克

红豆……………………………50 克

做法

❶将红豆提前 5 小时浸泡好。

❷将草莓洗净，去蒂；榛子仁碾碎。

❸将所有的食材放入豆浆机内，加适量水，
开机搅拌，煮熟后即可饮用。

功效

　　红豆、草莓、榛子都具有补血的功效，能
够滋养气血。另外，红豆、草莓不仅营养丰富，
还是很好的美容护肤食品，榛子还具有开胃、
明目的功能。

黄豆小米豆浆

原料

黄豆……………………………50 克

小米……………………………10 克

冰糖……………………………适量

做法

❶将黄豆提前浸泡好；将小米淘洗干净。

❷将黄豆、小米一起倒入豆浆机内，加适量
清水，按相关功能键，开机搅拌。

❸煮熟后根据自己的口味添加适量冰糖，即
可饮用。

功效

　　小米富含碳水化合物，是人体所需的重要
营养物质，能够为身体储存和提供热能。

玉米葡萄豆浆

原料

玉米粒·····················20 克
葡萄·······················30 克
黄豆·······················50 克
白糖·······················适量

做法

❶ 黄豆浸泡 6～8 小时；玉米粒洗净；葡萄洗净，去皮，去子。

❷ 以上食材倒入豆浆机中，加水至上、下水位线之间，按下功能键。

❸ 豆浆做好后，倒出过滤，再加入适量白糖，即可饮用。

功效

玉米能够降低体内胆固醇的含量；葡萄可补气血、护肝。二者搭配打成豆浆饮用，有助于预防脂肪肝等疾病。

 食材百科之葡萄

葡萄的营养价值非常高，具有滋肝肾、强筋骨、生津液以及补益气血、通利小便的作用，可用于水肿、脾虚气弱、气短乏力、小便不利等病症的辅助治疗。葡萄汁被科学家誉为"植物奶"。

莲子木瓜豆浆

原料

莲子……………………10 克
木瓜……………………20 克
黄豆……………………60 克

做法

❶ 将黄豆提前 8 小时浸泡。

❷ 木瓜去皮，切成小块；莲子去心，用温水浸泡。

❸ 将所有的食材一起放入豆浆机内，加适量水搅拌，煮熟后滤去残渣即可饮用。

功效

　　木瓜能够加速大肠蠕动，促进消化吸收，有健脾消食的功效；莲子可以辅助治疗胃炎、消化不良等病症，又可清心排毒。此款豆浆可以促消化助吸收。

食材百科之莲子

　　莲子又叫作白莲、莲实或者莲米，在我国的大部分地区都有出产。莲子性微凉，味甘涩，除了煲汤食用外，还常作为中药材入药，有补肾止泻、益肾固精的作用。对虚烦、惊悸、失眠、肾虚、遗精等症有很好的疗效。莲心中的生物碱还有强心的作用。

西芹芦笋豆浆

原料

西芹·····························15 克
芦笋·····························20 克
黄豆·····························80 克
白糖·····························适量

做法

① 将西芹洗净,切成小丁;芦笋洗净,焯水,切成小碎丁;黄豆浸泡至软,洗净。

② 将上述材料放入豆浆机中,加适量清水搅打成豆浆,煮沸后滤出豆浆,加白糖拌匀即可。

功效

此款豆浆具有调理高血压、高血脂,防癌抗癌以及减肥瘦身等作用。

白萝卜冬瓜豆浆

原料

白萝卜·····························15 克
冬瓜·····························15 克
黄豆·····························100 克
盐·····························适量

做法

① 将白萝卜、冬瓜洗净,均去皮切丁;黄豆用清水浸泡 6 小时,洗净沥干。

② 将上述材料放入豆浆机中,加适量水搅打成豆浆,煮沸后滤出豆浆,加适量盐拌匀即可。

功效

此款豆浆综合了白萝卜、冬瓜和黄豆的营养成分,具有消食下气、解毒生津等作用。

黄瓜胡萝卜豆浆

原料

黄瓜·····················20 克
胡萝卜···················40 克
黄豆·····················50 克

做法

❶ 将黄豆提前 8 小时用水浸泡好。

❷ 黄瓜、胡萝卜洗净切丁。

❸ 将上述食材放入豆浆机中，加适量水，开机搅拌煮熟滤去残渣即可。

功效

此款豆浆可以润肺补气、滋阴活血、清心宁神。黄瓜应该多煮食、少生食，胃寒患者生食容易导致腹痛泄泻。

食材百科之胡萝卜

胡萝卜有"小人参"之称，具有防癌抗癌、降压、强心、抗炎、抗过敏和增强视力等功效，其所含的多种维生素还可促进机体的正常生长与发育，有助于防止血管硬化，降低胆固醇等。

五色豆浆

原料

黄豆·····················20克

红豆·····················20克

绿豆·····················20克

黑豆·····················20克

花生仁···················20克

做法

❶ 将各种豆子洗净，提前一天用水浸泡好；花生仁洗净。

❷ 将所有食材放入豆浆机中，加适量水，开机搅拌，煮熟后即可饮用。

功效

此款豆浆含有丰富的营养物质，具备多重功效：黄豆含有丰富的蛋白质；绿豆清热解毒；红豆、花生含有丰富的铁元素；黑豆则补肾。

据统计，黑豆中的蛋白质含量是同重量肉类的2倍、鸡蛋的3倍。平均每100克黑豆中，含有蛋白质高达37克，并且黑豆中含有植物固醇，具有降低血液胆固醇含量的功效。

山药大米豆浆

原料

山药……………………30 克
大米……………………20 克
黄豆……………………60 克
冰糖……………………适量

做法

❶ 山药去皮洗净，切成小碎丁；黄豆浸泡 8 小时，捞出洗净；大米洗净泡软。

❷ 将山药、大米、黄豆放入豆浆机中，加适量水搅打成豆浆，烧沸后滤出豆浆，加入适量冰糖拌匀即可。

功效

此款豆浆具有滋养身体、助消化、敛虚汗及止泻的作用。

菠萝豆浆

原料

菠萝……………………50 克
黄豆……………………40 克
白糖……………………适量

做法

❶ 黄豆加水浸泡 8 小时，洗净沥干备用；菠萝去皮，切成小碎丁备用。

❷ 将上述材料放入豆浆机中，加适量水搅打成豆浆，烧沸后滤出豆浆，趁热加入白糖拌匀即可。

功效

此款豆浆具有清暑解渴、消食止泻、补脾胃、固元气、益气血等作用。

胡萝卜豆浆

原料

胡萝卜·····················20 克
黄豆·······················50 克
冰糖·······················适量

做法

① 将黄豆提前 8 小时浸泡好；胡萝卜洗净，切成小块。

② 将所有的食材一起放入豆浆机内，加适量水，开机搅拌，滤出残渣，根据自己的口味添加适量冰糖即可。

功效

胡萝卜具有强大的造血功能，滋润肌肤的同时，还能补肝明目、强健身体。

食材百科之冰糖

与白糖相比，冰糖更适合与菊花、枸杞子、红枣、山楂、雪梨等食物搭配，并且其性平味甘，有补中益气的功效。冰糖不易变质，家中可常备一些，浸泡药酒或配制药品时可用。

豌豆糯米小米豆浆

原料

豌豆·····························20 克

糯米·····························15 克

小米·····························15 克

黄豆·····························50 克

白糖·····························适量

做法

❶ 黄豆浸泡 6 ~ 8 小时；糯米、小米浸泡 4 小时；豌豆洗净。

❷ 以上食材倒入豆浆机中，加水至上、下水位线之间，按下功能键。

❸ 豆浆煮熟做好后，倒出过滤，再加入适量白糖，即可饮用。

功效

豌豆、糯米、小米同打为豆浆，可起到补中益气、健脾益胃、抗菌消炎的功效。

食材百科之糯米

糯米含有丰富的蛋白质、脂肪、糖类、钙、磷、铁、维生素及淀粉等，营养丰富，具有补中益气、健脾养胃、止虚汗的功效，对食欲不佳、腹胀腹泻等症状有一定的缓解作用。

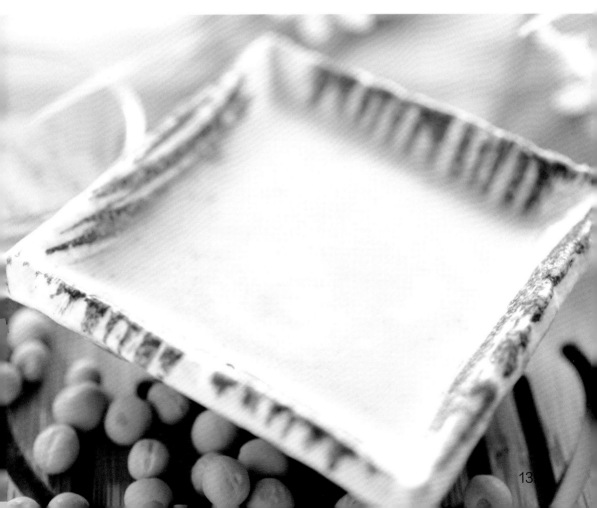

红薯豆浆

原料

红薯······················50 克
黄豆······················50 克
冰糖······················适量

做法

① 将黄豆提前 8 小时浸泡好；将红薯洗净、去皮，削成小块。

② 将所有的食材一起放入豆浆机内，加适量水，开机搅拌。

③ 煮好后根据自己的口味添加冰糖调味即可。

功效

红薯中含有人体所需的多种营养物质，且热量较低，能够保护心脏、维持血压正常，同时，红薯还具有滋养肌肤、延缓衰老的功能。

山药豆浆

原料

山药·····················25 克
黄豆·····················50 克

做法

① 将黄豆提前 8 小时浸泡好。

② 山药去皮，洗净，切成小块。

③ 将所有的食材一起放入豆浆机内，加适量水，开机搅拌，煮熟后即可饮用。

功效

山药具有健脾、补肺、养胃等功效，而鲜豆浆中又含有丰富的铁质，可以滋养气血，滋润肌肤。

PART 5

芬芳花草茶豆浆

　　中医自古就有"药食同补"的说法，小小一杯豆浆不仅可以和其他食物搭配食用，还可以和药材、花草茶等搭配。根据季节的变化，选择不同的材料来制作花草茶豆浆，既滋补身体，又能对很多疾病起到防治作用。让我们从一杯豆浆开始做起，来保养身体吧！

枸杞百合花豆浆

原料

枸杞子·····················10 克

百合花·····················3 克

黄豆·······················50 克

做法

❶ 黄豆洗净，用清水泡发备用；百合花用水
  洗净。

❷ 将黄豆、枸杞子放入豆浆机中，加适量清水，
  开机搅打成豆浆。

❸ 滤出豆浆，放入百合花浸泡即可。

功效

枸杞子有润肺、养肝、补肾的功效；百合花能够润肺、祛火、安神。此款豆浆很适合容易上火的人群饮用。

绿茶百合绿豆豆浆

原料

绿茶·······················10 克
百合·······················10 克
绿豆·······················80 克
蜂蜜·······················适量

做法

❶ 绿豆浸泡 6 ~ 8 小时；百合、绿茶用温水泡开。

❷ 以上食材倒入豆浆机中，加水至上、下水位线之间，按下功能键。

❸ 豆浆做好后，倒出过滤，然后加入适量蜂蜜，即可饮用。

功效

此款豆浆偏凉性，具有良好的清热祛火功效，尤其适合肝火旺盛者夏季饮用，但不适合孕妇饮用。

菊花雪梨豆浆

原料

菊花·······················10 克
雪梨·························1 个
黄豆·······················50 克
冰糖·······················适量

做法

❶ 黄豆浸泡 6 小时；菊花用温水泡开；雪梨去皮，去核，切成小块。

❷ 以上食材倒入豆浆机中，加水至上、下水位线之间，按下功能键。

❸ 豆浆做好后，倒出过滤，然后加入适量冰糖，即可饮用。

功效

此款豆浆不仅具有清热解暑、清肺润燥的功效，还具有清肝明目的作用。

红茶豆浆

原料

红茶包······················1个
黄豆······················40 克
冰糖······················适量

做法

❶ 黄豆泡发；将红茶包用适量热水泡开备用。

❷ 将黄豆放入豆浆机中，加水至上、下水位线之间，开机搅拌煮好豆浆。

❸ 滤出豆浆，依照个人口味加入红茶水、冰糖即可饮用。

功效

红茶能调节脂肪代谢，加速热量代谢和污物排泄，起到排毒养颜和减肥瘦身的作用。

食材百科之红茶

红茶原产于中国，因为其干茶的颜色和冲泡后茶水的颜色偏红，因此被命名为"红茶"。红茶含有咖啡因和多酚类化合物，不仅能分解淀粉，促使尿量增加，排出体内过多的尿酸和有害物质，而且还能调节脂肪代谢，促进热量代谢和污物排出，达到减肥的目的。

茉莉花茶豆浆

原料

茉莉花茶·······················8 克
黄豆···························60 克
冰糖···························适量

做法

❶ 将黄豆洗净泡发备用；将茉莉花茶用适量
开水泡开。

❷ 将黄豆放入豆浆机中，加适量清水打制成
豆浆。

❸ 滤出豆浆，依个人口味加入茉莉花茶和冰
糖，搅拌均匀即可饮用。

功效

茉莉花茶富含维生素 C、儿茶素、咖啡因
等物质，常饮此款豆浆，有抗菌消炎、清肝明
目、解郁舒闷的作用。

金银花百合豆浆

原料

金银花·······················10 克
百合···························10 克
黄豆···························50 克

做法

❶ 黄豆洗净泡发；百合泡软备用；金银花用
适量开水泡开。

❷ 将百合、黄豆放入豆浆机中，加适量水搅
打成豆浆。

❸ 滤出豆浆，依个人口味加入金银花茶搅匀
即可。

功效

金银花有清热解毒、去热散火的功效；百
合有健脾和胃、养心宁神的作用。此款豆浆很
适合老年人饮用。

金银花豆浆

原料
金银花······················10 克
黄豆·························60 克
蜂蜜·························适量

做法
❶ 黄豆洗净泡发；金银花洗净。
❷ 将上述食材放入豆浆机中，加水至上、下水位线之间，开机搅拌煮好豆浆。
❸ 滤去豆渣后，加蜂蜜调味即可饮用。

功效
金银花味甘性寒，有清热解毒、疏风散热的作用。此款豆浆是夏季消暑的上佳饮品。

玫瑰花黑豆豆浆

原料
玫瑰花·······················5 克
黑豆·························80 克
白糖·························适量

做法
❶ 黑豆浸泡 6 ~ 8 小时；玫瑰花用温水泡开。
❷ 以上食材倒入豆浆机中，加水至上、下水位线之间，按下功能键。
❸ 豆浆做好后，倒出过滤，再加入适量白糖，即可饮用。

功效
玫瑰花具有行气活血的功效；黑豆具有活血利水、补血安神的功效。二者搭配打成豆浆，补血效果更佳。

清凉薄荷豆浆

原料

薄荷叶……………………10 克
黄豆………………………70 克

做法

❶ 黄豆用清水泡至发软，捞出洗净；薄荷叶洗净，撕碎。

❷ 将黄豆、薄荷叶放入豆浆机中，加适量水至上、下水位线之间，搅打成豆浆，烧沸后滤出豆浆即可。

功效

　　此款豆浆清凉芳香，具有缓解腹痛、促进睡眠、提高食欲等作用。

菊花豆浆

原料

贡菊………………………10 克
黄豆………………………60 克
冰糖………………………适量

做法

❶ 将黄豆洗净，用清水泡发备用。

❷ 将黄豆和贡菊放入豆浆机中，加适量清水，开机搅打制成豆浆。

❸ 煮好后滤出豆浆，加冰糖搅拌，即可饮用。

功效

　　贡菊有降热祛火、平肝明目、消除疲劳的作用。此款豆浆很适合有风热感冒、目眩头疼等症状的患者饮用。

玫瑰花豆浆

原料

玫瑰花……………………15 克
黄豆………………………60 克
冰糖………………………适量

做法

① 黄豆用清水洗净泡发；玫瑰花去蒂，用清
水洗净泡开备用。

② 将上述食材放入豆浆机中，加水至上、下
水位线之间，开机搅拌煮好豆浆。

③ 滤出豆浆，加冰糖拌匀即可饮用。

功效

　　玫瑰花有消除疲劳、调节人体内分泌、美
容养颜的功效。常饮用此款豆浆，可以使皮肤
变得更加白嫩，尤宜女性饮用。

菊花绿豆豆浆

原料

杭白菊⋯⋯⋯⋯⋯⋯⋯⋯⋯15克

绿豆⋯⋯⋯⋯⋯⋯⋯⋯⋯⋯65克

做法

❶ 绿豆洗净，用清水泡软；杭白菊洗净浮尘。

❷ 将绿豆、杭白菊放入豆浆机中，加适量水搅打成豆浆，并煮沸。

❸ 滤出豆浆，即可饮用。

功效

　　此款豆浆清新怡人，菊花性微寒，比较适合阴虚阳亢或湿热体质的人食用。

什锦花豆浆

原料

金银花⋯⋯⋯⋯⋯⋯⋯⋯⋯适量

菊花⋯⋯⋯⋯⋯⋯⋯⋯⋯⋯适量

玫瑰花⋯⋯⋯⋯⋯⋯⋯⋯⋯适量

茉莉花⋯⋯⋯⋯⋯⋯⋯⋯⋯适量

桂花⋯⋯⋯⋯⋯⋯⋯⋯⋯⋯适量

黄豆⋯⋯⋯⋯⋯⋯⋯⋯⋯⋯50克

做法

❶ 黄豆用清水泡软，捞出洗净；各种花均洗净浮尘。

❷ 将上述材料放入豆浆机中，加适量水搅打成豆浆，并煮沸。

❸ 滤出豆浆，即可饮用。

功效

　　此款豆浆不仅花香浓郁，还具有美颜、嫩肤的作用。

玫瑰薏苡仁豆浆

原料

玫瑰花·······················5 克
薏苡仁·······················20 克
黄豆·························60 克

做法

① 将薏苡仁、黄豆洗净泡水 6 小时，捞出备用。
② 将薏苡仁和黄豆放入豆浆机中，加适量清水，开机搅打制成豆浆。
③ 滤出豆浆，泡入玫瑰花即可。

功效

　　玫瑰和薏苡仁均具有益气活血、健脾祛湿的作用。女性经常饮用此款豆浆，能够调节生理平衡，使皮肤变得娇嫩红润。

桂花豆浆

原料

桂花·······················3克
黄豆·······················50克

做法

❶ 将黄豆洗净泡发备用。

❷ 将黄豆放入豆浆机中，加适量水，开机搅打成豆浆，并煮沸。

❸ 取豆浆加入干桂花泡2分钟，即可饮用。

功效

　　桂花能祛除口腔异味，有提神气、助消化的作用。常饮用此款豆浆，对咳喘痰多、经闭腹痛等病症有防治效果。

栀子花莲心豆浆

原料

栀子花·····················10克
莲心·······················5克
黄豆·······················60克
冰糖·······················适量

做法

❶ 黄豆洗净泡发备用；栀子花和莲心分别洗净备用。

❷ 将上述食材放入豆浆机中，加适量水，开机搅打成豆浆，并煮沸。

❸ 将豆浆滤出，加冰糖调味即可饮用。

功效

　　栀子花具有清肺止咳的功效；莲心味苦性寒，可清心火、平肝火。此款豆浆适合经常吸烟或受二手烟污染的人饮用。

绿茶大米豆浆

原料

绿茶······················10 克
大米······················40 克
黄豆······················40 克
蜂蜜······················适量

做法

❶ 黄豆洗净泡发；大米洗净备用；绿茶加适
量热水泡茶。

❷ 将黄豆、大米放入豆浆机中，加适量水，
开机搅打制成豆浆，煮沸。

❸ 滤出豆浆，依个人口味加入绿茶水、蜂蜜
搅拌即可。

功效

　　绿茶有清热解毒、杀菌消炎的功效；蜂蜜
有补气益血、润肠通便的作用。此款豆浆很适
合吃过油腻食品后饮用。

菊花枸杞豆浆

原料

菊花……………………15 克

枸杞子…………………15 克

黄豆……………………70 克

冰糖……………………适量

做法

① 黄豆浸泡 6 ～ 8 小时；菊花、枸杞子用温水泡开。

② 以上食材倒入豆浆机中，加水至上、下水位线之间，按下功能键。

③ 豆浆煮好后，倒出过滤，再加入适量冰糖，即可饮用。

功效

经常饮用此款豆浆有助于抵抗电脑辐射。

菊花是我国十大名花之一，不仅具有很高的观赏价值，还有显著的食疗价值，其入药可治病，久服菊花制品或饮菊花茶能延缓衰老。此外，菊花的香气还有疏风、平肝、镇痛等功效。

百合绿茶豆浆

原料

百合干·····················10 克

绿茶·····················20 克

黄豆·····················60 克

做法

❶ 将黄豆、百合干泡好备用；用适量开水泡制绿茶。

❷ 将黄豆、百合放入豆浆机中，加适量水，开机搅打制成豆浆。

❸ 滤出豆浆，依个人口味将绿茶水倒入豆浆中，搅拌均匀即可饮用。

功效

百合有润肺止咳、静心安神的功效；绿茶则能杀菌消毒、清热解毒。常饮此款豆浆，能清除口腔异味、缓解精神焦虑。

薄荷黄豆绿豆豆浆

原料

薄荷·····················5 克

黄豆·····················50 克

绿豆·····················20 克

做法

❶ 将绿豆、黄豆洗净泡发备用；薄荷洗净备用。

❷ 将上述食材放入豆浆机中，加适量水，开机搅打成豆浆。

❸ 滤出豆浆饮用即可，也可根据自己的口味调味。

功效

薄荷有疏风散热、清利头目的作用；绿豆性凉，有清热解毒的作用。此款豆浆是夏季清爽提神、解热下火的绝佳凉饮。

玫瑰花红豆豆浆

原料

玫瑰花·····················5克

红豆·····················30克

黄豆·····················50克

白糖·····················适量

做法

❶ 黄豆、红豆浸泡 6 ~ 8 小时；玫瑰花用温水泡开。

❷ 以上食材倒入豆浆机中，加水至上、下水位线之间，按下功能键。

❸ 豆浆做好后，倒出过滤，然后加入适量白糖，即可饮用。

功效

　　此款豆浆具有益气、补血活血、祛斑的功效，还可起到改善面色苍白、暗黄的作用。

　　玫瑰花中含有芳香的醇、醛、酚，常食玫瑰制品可以达到疏肝行气、辟浊醒胃、美容养颜的目的，还可治疗月经不调、痛经等症。

绿豆桑叶百合豆浆

原料

绿豆⋯⋯⋯⋯⋯⋯⋯⋯20 克

桑叶⋯⋯⋯⋯⋯⋯⋯⋯2 克

百合⋯⋯⋯⋯⋯⋯⋯⋯10 克

黄豆⋯⋯⋯⋯⋯⋯⋯⋯50 克

功效

绿豆能清热解毒；桑叶有疏散内热、清肝明目、清肺润燥的功效；百合能养阴润肺、清心安神。三者与黄豆搭配打成豆浆饮用，有清肺止咳的效果。

做法

❶ 黄豆、绿豆泡好备用；桑叶、百合清洗干净备用。

❷ 将上述食材放入豆浆机中，加适量水，开机搅打制成豆浆即可。

茉莉花绿茶豆浆

原料

茉莉花·····················5克
绿茶·······················5克
黄豆·······················60克

做法

❶ 黄豆泡软洗净；用茉莉花、绿茶泡成茉莉绿茶，取汁待用。

❷ 将黄豆放入豆浆机中，倒入适量茉莉绿茶，搅打成豆浆，烧沸后滤出即可。

功效

　　此款豆浆综合了茉莉花的芬芳、绿茶的香醇和黄豆的营养，美容保健的功效非常显著。

绿茶百合豆浆

原料

绿茶·····················5克
鲜百合···················10克
黄豆·····················60克
白糖·····················适量

做法

❶ 黄豆洗净，用清水泡软；鲜百合洗净待用；用绿茶泡茶，取汁待用。

❷ 将上述材料和绿茶汁放入豆浆机中，加适量水搅打成豆浆，并煮沸。

❸ 滤出豆浆，加适量白糖调味即可饮用。

功效

　　百合为药食兼优的滋补佳品，四季皆可食用，尤其适合秋季食用。

糯米百合藕豆浆

原料

糯米·······························20 克
百合·······························5 克
莲藕·······························30 克
银耳·······························30 克
黄豆·······························50 克

做法

❶ 将黄豆和糯米用清水泡发；莲藕削皮，清洗干净，切成碎片；百合用清水泡软，洗净，切成碎片；银耳泡发待用。

❷ 将所有食材放入豆浆机中，加入适量清水，按下相关功能键。

❸ 豆浆煮好做成后，滤去残渣，即可饮用。

功效

　　此款豆浆有润肺补气、滋阴活血、清心宁神的功效。

茉莉花豆浆

原料

茉莉花·····················20 克
黄豆·······················70 克
蜂蜜·······················适量

做法

❶ 黄豆用清水泡软，捞出洗净；茉莉花洗净备用。

❷ 将黄豆、茉莉花放入豆浆机中，加适量水，开机搅打成豆浆，并煮沸。

❸ 滤出豆浆，晾凉，加入蜂蜜拌匀即可。

功效

　　此款豆浆香气浓郁，且具有非常好的保健和美容养颜功效。

红豆百合豆浆

原料

红豆······················30 克

百合······················20 克

黄豆······················50 克

白糖······················适量

做法

❶ 黄豆、红豆浸泡 6 ~ 8 小时；百合用温水泡开。

❷ 以上食材倒入豆浆机中，加水至上、下水位线之间，按下功能键。

❸ 豆浆做好后，倒出过滤，再加入适量白糖，即可饮用。

功效

红豆具有护心功效；百合可安养心神。二者搭配打豆浆饮用，可起到清心安神的作用。

食材百科之百合

百合具有润肺止咳、清心安神等功效，可以作为有久咳痰喘、脚气浮肿、余热不清、腹胀心痛、大便不利、寒热疮满等症患者的食疗佳品。

菊花黄豆绿豆豆浆

原料

菊花·····················10克
黄豆·····················50克
绿豆·····················30克
白糖·····················适量

做法

① 黄豆、绿豆浸泡6小时；菊花用温水泡开。

② 以上食材倒入豆浆机中，加水至上、下水位线之间，按下功能键。

③ 豆浆做好后，倒出过滤，再加入适量白糖，即可饮用。

功效

　　绿豆具有清暑益气、止渴利尿的功效；菊花具有清热解毒的功效。此款豆浆尤其适宜夏季上火者饮用。

　　黄豆中含有丰富的钙盐、磷盐、镁盐、钾盐等无机盐，以及铜、铁、锌、碘、钼等微量元素，对预防动脉硬化以及维持人的神经、肝脏、骨骼及皮肤的健康均有重要作用。